Richard P. Feynman
SECHS PHYSIKALISCHE
FINGERÜBUNGEN

Richard P. Feynman

SECHS PHYSIKALISCHE FINGERÜBUNGEN

Aus dem Amerikanischen
von Inge Leipold

Mit 47 Fotos und Abbildungen

Piper
München Zürich

Die Originalausgabe erschien 1995
unter dem Titel »Six Easy Pieces«
bei Helix Books/Perseus Books, Reading, Massachusetts.

Der Abdruck der Fotos von Richard Feynman
erfolgt mit freundlicher Genehmigung
des Archivs des California Institute of Technology, Pasadena
(© Melanie Jackson Agency, New York).

ISBN 3-492-04283-X
© 1995, 1989, 1963 by the California Institute of Technology
Deutsche Ausgabe:
© Piper Verlag GmbH, München 2002
Satz: Satz für Satz. Barbara Reischmann, Leutkirch
Druck und Bindung: Ebner Ulm
Printed in Germany

www.piper.de

INHALT

Vorbemerkung des Originalverlags

Die Veröffentlichung der »Six Easy Pieces« (»Sechs physikalischen Fingerübungen«) erwuchs aus dem Wunsch, eine Art elementare, doch nicht allzu theoretische Fibel der Physik auf der Grundlage von Richard Feynmans wissenschaftlichen Vorstellungen einem möglichst breiten Publikum zugänglich zu machen. Wir haben uns für die sechs einfachsten Kapitel aus Feynmans berühmtem Werk *Lectures on Physics* (erschienen 1963), einem Meilenstein dieser Wissenschaft und nach wie vor seine bekannteste Veröffentlichung, entschieden. Interessierte Laien können von Glück reden, daß Feynman bestimmte Schlüsselthemen weitgehend inhaltlich und ohne formale Mathematik darstellte; ebendiese haben wir in vorliegendem Band zusammengefaßt.

Die Addison-Wesley Publishing Company dankt Paul Davies für seine aufschlußreiche Einführung in diese neue Zusammenstellung. Im Anschluß daran folgen zwei Vorreden aus den *Lectures on Physics,* eine von Feynman selber, die andere von zwei seiner Kollegen: Sie liefern den allgemeinen Rahmen für die folgenden Kapitel und eröffnen den Zugang zu Richard Feynman wie auch zu seiner Wissenschaft.

Schließlich gilt unser Dank den Mitarbeitern des Fachbereichs Physik am California Institute of Technology sowie des Institutsarchivs, insbesondere Dr. Judith Goldstein, sowie Dr. Brian Hatfield für seine ungemein wertvollen Ratschläge und Empfehlungen bei der Durchführung unseres Projekts.

Einführung

Laut einem weitverbreiteten Mißverständnis ist Wissenschaft ein unpersönliches, leidenschaftsloses und durch und durch objektives Unternehmen. Während die meisten Betätigungsgebiete Moden und Marotten unterliegen und von Interesse und Vorlieben der jeweiligen Persönlichkeit abhängig sind, muß Wissenschaft sich vermeintlich an allgemein anerkannte Verfahrensregeln halten und sich strengen Überprüfungen unterziehen lassen. Die Ergebnisse zählen, nicht jedoch die Personen, die sie erzielen.

Das ist natürlich Unsinn. Wissenschaft wird – wie jegliche menschliche Beschäftigung – von Personen betrieben und unterliegt ebenfalls Moden und Launen. In diesem Fall hängt, was jeweils in Mode ist, nicht so sehr von der Wahl des Gegenstands ab, sondern von den Gedanken, die Wissenschaftler sich über diese unsere Welt machen. Jede Epoche wählt einen eigenen, besonderen Ansatz, wissenschaftliche Probleme anzugehen; dabei folgt man normalerweise dem von gewissen überragenden Persönlichkeiten gewiesenen Weg – sie bestimmen, was untersucht werden soll, und legen die besten Methoden fest, wie man dabei vorgehen soll. Gelegentlich haben Wissenschaftler genügend Format, um auch von der Allgemeinheit wahrgenommen zu werden; verfügt ein Wissenschaftler zudem über eine besondere Ausstrahlung, kann er durchaus zu einer Kultfigur der gesamten wissenschaftlichen Gemeinschaft werden. In früheren Jahrhunderten war dies Isaac Newton – die Verkörperung des Gentleman-Wissenschaftlers: er hatte gute Beziehungen, war zutiefst religiös, gesetzt und ging bei seiner Arbeit äußerst methodisch vor. Sein wissenschaftlicher Stil setzte zwei Jahrhunderte lang die Maßstäbe, an denen alle gemessen wurden. In der ersten Hälfte des 20. Jahrhunderts verdrängte Albert Einstein ihn als populäre wissenschaftliche Kultfigur: exzentrisch, chaotisch, zerstreut, ging er, ein Deutscher und ein archetypischer abstrakter Denker, völlig in seiner Arbeit auf. Er veränderte die Art und Weise, wie Wissenschaft betrieben wird, indem er die Begriffe und Vorstellungen, die das Fachgebiet definieren, in Frage stellte.

Für das ausgehende 20. Jahrhundert wurde Richard Feynman zur Leitfigur in der Physik – der erste Amerikaner, der einen solchen Rang einnahm. 1918 in New York geboren und an der Ostküste Amerikas aufgewachsen, wo er auch studierte, war er zu spät dran, um das goldene Zeitalter der Physik noch mitzuerleben: jene ersten drei Jahrzehnte des 20. Jahrhunderts, in denen die Zwillingsrevolutionen: Relativitätstheorie und Quantenmechanik unsere Weltsicht gründlich umkrempelten. Diese Umwälzungen legten den Grundstein zu dem Gebäude, das wir mittlerweile als die Neue Physik bezeichnen. Feynman baute auf diesem Fundament auf und half bei der Fertigstellung des Erdgeschosses. Seine Beiträge leuchteten in fast alle Ecken und Winkel dieses Wissenschaftsbereichs und wirkten sich ebenso tiefgreifend wie nachhaltig auf die Physiker und ihre Betrachtungsweise des physikalischen Universums aus.

Feynman war ein theoretischer Physiker par excellence. Newton war sowohl Experimentator als auch Theoretiker gewesen; Einstein hatte Experimentieren schlichtweg verächtlich abgetan und sich ganz dem reinen Denken verschrieben. Feynman strebte nach einem tiefreichenden theoretischen Verständnis der Natur, doch er blieb immer nahe an der sehr realen Welt der Ergebnisse von Experimenten, in der es oft recht schlampig zugeht. Wer gesehen hat, wie Feynman in fortgeschrittenem Alter die Ursache der Challenger-Katastrophe erklärte, indem er ein Gummiband in Eiswasser tauchte, konnte schwerlich noch einen Zweifel daran hegen, daß hier ein Schauspieler und ungemein praktischer Denker in einer Person am Werk waren.

Ursprünglich machte Feynman sich mit seinen Arbeiten zur Theorie der subatomaren Teilchen, insbesondere der Quantenelektrodynamik (QED), einen Namen. Genaugenommen stand dieses Problem am Beginn der Quantentheorie. 1900 hatte Max Planck die Hypothese zur Diskussion gestellt, Licht wie auch andere elektromagnetische Strahlung, die man bislang als Wellen aufgefaßt hatte, verhielten sich paradoxerweise wie winzige Energiebündel oder »Quanten«, sobald sie mit Materie in Wechselwirkung träten. Später bezeichnete man diese speziellen Quanten als Photonen. Anfang der dreißiger Jahre war es den Architekten der neuen Quantenmechanik gelungen, ein mathematisches System auszuarbeiten, um die Emission und Absorption von Photonen durch elektrisch geladene Teilchen wie Elektronen zu beschreiben. Zwar erfreute diese frühe Formulierung der QED sich eines gewissen – begrenzten – Erfolgs, doch die Theorie war eindeutig fehlerhaft. In vielen Fällen ergaben Berechnungen widersprüchliche und sogar unendliche Antworten auf durchaus klar formulierte physikalische Fragen. Und ebendiesem Problem: eine widerspruchsfreie, logische Theorie der QED zu entwickeln, wandte der junge Feynman sich Ende der vierziger Jahre zu.

Um die QED auf eine tragfähige Grundlage zu stellen, mußte man die Theorie nicht nur mit den Grundsätzen der Quantenmechanik, sondern auch mit den Prinzipien der speziellen Relativitätstheorie in Einklang bringen. Diese beiden Theorien arbeiten mit einem je eigenen, unverwechselbaren mathematischen Formelapparat, komplizierten Systemen von Gleichungen, die man jedoch miteinander verbinden und in Einklang bringen kann, um eine zufriedenstellende Darstellung der QED zu erhalten. Allerdings war dies ein ungemein schwieriges Unternehmen, das großes mathematisches Geschick erforderte; diesen Ansatz verfolgten Feynmans Zeitgenossen. Feynman selber schlug einen radikal anderen Weg ein – so radikal anders, daß er mehr oder weniger in der Lage war, die Lösungen schlicht hinzuschreiben, ohne sich dazu irgendwelcher Mathematik zu bedienen! Als Hilfsmittel für diese außergewöhnliche intuitive Bravourleistung erfand Feynman ein einfaches System später nach ihm benannter Diagramme. Die Feynman-Diagramme stellen eine symbolische, doch ungemein erkenntnisfördernde Form einer Beschreibung dessen dar, was geschieht, wenn Elektronen, Photonen und andere Teilchen miteinander wechselwirken. Mittlerweile sind Feynman-Diagramme ein gängiges Hilfsmittel bei Berechnungen, doch Anfang der fünfziger Jahre stellten sie eine sensationelle Abweichung von den traditionellen Verfahrensweisen der theoretischen Physik dar.

Das spezielle Problem der Ausformulierung einer in sich stimmigen Theorie der Quantenelektrodynamik war zwar ein Meilenstein in der Geschichte der Physik, doch es war nur der Anfang. Es legte den Grundstein zu einem unverkennbaren Feynman-Stil, einer Vorgehensweise, die noch zu einer ganzen Reihe wichtiger Antworten auf ein breites Spektrum von Fragen der Physik führen sollte. Am ehesten läßt dieser Feynman-Stil sich wohl als eine Mischung aus Ehrfurcht und Respektlosigkeit vor verbürgtem Wissen beschreiben.

Die Physik ist eine exakte Wissenschaft, und man kann den gegebenen Wissensschatz, auch wenn er immer unvollständig ist, nicht einfach achselzuckend beseite schieben. Bereits in jungen Jahren entwickelte Feynman ein beeindruckendes Verständnis der allgemein anerkannten Grundsätze der Physik und beschäftigte sich nahezu ausschließlich mit konventionellen Problemen. Er war nicht die Art Genie, die in einem völlig abgelegenen Bereich dieser Disziplin vor sich hin werkelt und dann über etwas tiefgreifend Neues stolpert. Seine besondere Begabung bestand darin, durchaus gängige Fragen auf sehr eigenwillige Weise anzugehen. Das bedeutete, er verzichtete auf vorgegebene Formalisierungen und entwickelte einen eigenen, höchst intuitiven Ansatz. Die Mehrzahl der theoretischen Physiker verläßt sich auf sorgfältige mathematische Berechnungen, die ihnen als Richtschnur und Krücke dienen, wenn sie sich auf unbekanntes Terrain wagen; Feynman hingegen ging dabei eher unbekümmert vor. Dennoch hat man den Eindruck, daß er in der Natur wie in einem Buch lesen konnte und dann einfach berichtete, was er dort vorgefunden hatte, ohne sich mit einer langwierig-langweiligen umfassenden Analyse herumzuschlagen.

In der Tat legte Feynman, indem er auf diese Weise seine Interessen verfolgte, eine gesunde Geringschätzung für strenge Formalismen an den Tag. Eine Vorstellung von der Genialität, deren es bedarf, um so zu arbeiten, ist kaum zu vermitteln. Die theoretische Physik ist eine der schwierigsten intellektuellen Beschäftigungen, da sie abstrakte Begriffe, die sich einer Veranschaulichung entziehen, mit ungeheurer mathematischer Differenziertheit und Vielschichtigkeit verbindet. Die meisten Physiker können nur mit einem Höchstmaß an geistiger Disziplin irgendwelche Fortschritte erzielen. Feynman hingegen setzte sich anscheinend rücksichtslos über diesen strengen Verfahrenskodex hinweg und pflückte vom Baum des Wissens neue Erkenntnisse wie reife Früchte.

In hohem Maße prägte Feynmans Persönlichkeit seinen besonderen Stil. Im beruflichen wie auch im Privatleben schien er die Welt als ein einziges ungemein unterhaltsames Spiel zu betrachten. Das physikalische Universum stellte ihn vor faszinierende Rätsel und Herausforderungen, und das gleiche galt für sein gesellschaftliches Umfeld. Sein Leben lang war er zu Scherzen aufgelegt und behandelte Behörden und das akademische Establishment mit der gleichen Respektlosigkeit, die er öden mathematischen Formalismen gegenüber an den Tag legte. Dummköpfe konnte er nicht ausstehen, und er verstieß gegen sämtliche Regeln, die er als willkürlich oder widersinnig empfand. Seine autobiographischen Schriften enthalten höchst vergnügliche

Geschichten, wie Feynman während des Krieges bei der Entwicklung der Atombombe die Sicherheitsdienste austrickste, wie Feynman Safes knackte, wie Feynman Frauen mit haarsträubend dreistem Verhalten schlicht entwaffnete. Nicht einmal aus dem Nobelpreis, der ihm für seine Arbeit zur QED verliehen wurde, machte er sich besonders viel.

Während er gegen jede Art von Förmlichkeit einen ausgesprochenen Widerwillen hatte, faszinierte ihn alles Schrullige und Absonderliche. Wahrscheinlich erinnern sich viele daran, wie er schier besessen war von dem lange verschwunden geglaubten Land Tuwa in Zentralasien*, das er kurz vor seinem Tod in einem Dokumentarfilm so bezaubernd einfing. Zu seinen anderen Leidenschaften zählten Bongospielen, Malen und häufige Besuche in Stripteaseclubs sowie das Entziffern von Texten der Mayas.

Feynman trug selber viel zum Kult um seine einzigartige Persönlichkeit bei. Zwar griff er nur widerwillig zur Feder, doch in Gesprächen zeigte er sich ungemein redegewandt und liebte es, seine Ideen und Eskapaden zum besten zu geben. Diese im Lauf der Jahre angesammelten Anekdoten trugen zu seinem geheimnisvollen Nimbus bei und machten ihn noch zu Lebzeiten zu einer sprichwörtlichen Legende. Aufgrund seines einnehmenden Wesens war er bei den Studenten, vor allem bei den jüngeren, von denen viele ihn regelrecht vergötterten, äußerst beliebt. Als Feynman 1988 an Krebs starb, entrollten die Studenten des Caltech, an dem er fast sein ganzes Berufsleben hindurch gearbeitet hatte, eine Fahne mit der schlichten Aufschrift: »Wir lieben Dich, Dick.«

Vor allem Feynmans unbekümmerte Art, das Leben im allgemeinen und die Physik im besonderen zu betrachten, machten ihn zu einem so großartigen Gesprächspartner. Für offizielle Vorlesungen oder auch nur dafür, Doktoranden zu betreuen, hatte er wenig Zeit. Dennoch hielt er, wenn er Lust dazu hatte, bril-

---

* Heute die Teilrepublik Tuwinien in der Russischen Föderation.

lante Vorträge, in denen er einen sprühenden Witz spielen ließ und die durchdringende Einsicht wie auch die Respektlosigkeit an den Tag legte, die auch in seiner Forschertätigkeit zum Tragen kamen.

Anfang der sechziger Jahre ließ Feyman sich überreden, am Caltech für Erst- und Zweitsemester einen Einführungskurs in Physik abzuhalten, und tat dies mit dem ihm eigenen Elan und seiner unnachahmbaren Mischung aus Zwanglosigkeit, Begeisterung und abgründigem Humor. Glücklicherweise sind diese unschätzbaren Vorlesungen der Nachwelt in Buchform erhalten geblieben. Obwohl sie hinsichtlich Stil und Darstellungsweise alles andere als ein konventionelles Lehrbuch sind, wurden die *Feynman Lectures* ein ungeheurer Erfolg und regten weltweit eine ganze Studentengeneration an. Drei Jahrzehnte später haben die drei Bände nichts von ihrer Brillanz und Anschaulichkeit eingebüßt. In der Absicht, interessierten Laien eine anschauliche Vorstellung von Feynman als Pädagogen zu vermitteln, wurden die *Sechs physikalischen Fingerübungen* unmittelbar aus den *Lectures on Physics* übernommen*. Zu diesem Zweck haben wir auf die ersten, nichttechnischen Kapitel in diesem Werk, einem Meilenstein in der Physik, zurückgegriffen. Das Ergebnis ist ein wunderbares Buch – eine Art Fibel für Nichtphysiker, die zugleich Einblick in Feynmans Persönlichkeit gibt.

Am beeindruckendsten an Feynmans sorgfältig ausgearbeiteten Darlegungen ist die Art und Weise, wie er mit einem äußerst geringen Aufwand an systematischen Konzepten und einem Mindestmaß an mathematischer und technischer Fachsprache weitreichende physikalische Begriffe entwickelt. Er beherrscht die Kunst, genau die treffende Analogie oder alltägliche Veranschaulichung zu finden, um das Wesentliche eines grundlegenden Prinzips herauszuschälen, ohne es mit Nebensächlichem oder unwichtigen Einzelheiten zu verdunkeln.

---

* Und neu ins Deutsche übersetzt.

Die Auswahl der in diesen Band aufgenommenen Themen versteht sich nicht als umfassender Überblick zum Stand der modernen Physik, sondern als verführerische Kostprobe der Vorgehensweise Feynmans. Wir werden schnell entdecken, wie er selbst so banale Themen wie Kraft und Bewegung durch neue Einsichten zu erhellen versteht. Schlüsselbegriffe veranschaulicht er mit Beispielen aus dem Alltagsleben oder der Antike. Und beständig wird die Physik zu anderen Wissenschaften in Beziehung gesetzt, ohne jedoch den Leser je darüber im unklaren zu lassen, welche die grundlegende Disziplin ist.

Gleich zu Beginn erfahren wir, die gesamte Physik wurzelt in der Vorstellung einer Gesetzmäßigkeit – in der Existenz eines geordneten Universums, das sich rationalem Denken erschließt. Durch eine unmittelbare Beobachtung der Natur lassen die physikalischen Gesetze sich allerdings nicht enträtseln. Sie sind auf vertrackte Weise in den Phänomen, die wir untersuchen, verschlüsselt. Um der zugrundeliegenden gesetzmäßigen Wirklichkeit auf die Schliche zu kommen, bedarf es der undurchschaubaren Verfahren der Physiker – einer Mischung aus sorgfältig geplanten Experimenten und mathematischem Theoretisieren.

Das bekannteste physikalische Gesetz ist wohl Newtons quadratisches Abstandsgesetz der Gravitation, das in Kapitel fünf behandelt wird. Aufgegriffen wird dieses Thema im Zusammenhang mit dem Sonnensystem und den Keplerschen Gesetzen der Planetenbewegung. Gravitation ist jedoch universal, gilt für den gesamten Kosmos. Und so kann Feynman seine Darlegung mit Beispielen aus der Astronomie und Kosmologie würzen. Beim Kommentieren der Abbildung eines Kugelsternhaufens, der irgendwie von unsichtbaren Kräften zusammengehalten wird, gerät er regelrecht ins Schwärmen:»Wer nicht erkennt, daß hier die Gravitation am Werk ist, der hat keine Seele.«

Man kennt andere Gesetze, die sich auf die verschiedenen Naturkräfte beziehen und die nichts mit Gravitation zu tun haben; sie beschreiben, wie Materieteilchen miteinander in Wech-

selwirkung treten. Es handelt sich dabei nur um eine geringe Anzahl von Kräften, und Feynman kann das beträchtliche Verdienst
für sich beanspruchen, einer der wenigen Wissenschaftler in der
Geschichte zu sein, der ein neues Gesetz der Physik entdeckte,
nämlich wie eine schwache Kernkraft das Verhalten bestimmter
subatomarer Teilchen beeinflußt.

Elementarteilchen- (oder Hochenergieteilchen-)physik war der
kostbarste Edelstein in der Krone der Nachkriegsphysik, ehrfurcht-
gebietend und glanzvoll zugleich mit ihren riesigen Beschleuni-
gern und der schier endlosen Liste neu entdeckter subatomarer
Teilchen. Feynmans Forschungen zielten vorrangig darauf ab, die
Ergebnisse dieses Unternehmens sinnvoll zu deuten. Ein großes,
für alle Teilchenphysiker gleichermaßen interessantes Problem
war, welche Rolle die Symmetrie und die Erhaltungsgesetze
spielen, um so etwas wie Ordnung in diesen subatomaren Zoo
zu bringen.

Zufällig waren viele der Symmetrien, wie die Elementarteil-
chenphysiker sie kennen, schon der klassischen Physik vertraut.
An ersten Stelle sind hier jene Symmetrien zu nennen, die sich
aus der Homogenität von Raum und Zeit ergeben. Nehmen Sie
nur die Zeit: Abgesehen von der Kosmologie, in der der Big Bang
den Beginn der Zeit bezeichnet, hat man in der Physik keinerlei
Möglichkeit, einen Augenblick vom anderen zu unterscheiden.
Physiker drücken dies so aus:»Im Hinblick auf Zeittranslationen
ist die Welt invariant«; das bedeutet: ob Sie bei Ihren Messungen
nun Mittag oder Mitternacht als zeitlichen Nullpunkt annehmen,
macht für die Beschreibung physikalischer Phänomene keinerlei
Unterschied. Wie sich herausstellt, liegt diese Symmetrie unter
Zeitverschiebungen unmittelbar einem der grundlegendsten und
zudem ungemein nützlichen physikalischen Gesetz zugrunde:
dem Gesetz von der Erhaltung der Energie. Es besagt, daß man
Energie verschieben und ihre Form verändern, sie jedoch weder
schaffen noch zerstören kann. Feynman läßt einem dieses Gesetz
anhand seiner amüsanten Geschichte von Dennis, dem Lausbu-

ben, der, boshaft wie er ist, vor seiner Mutter immer seine Bauklötze versteckt, völlig einleuchtend erscheinen (Kapitel vier).

Die anspruchsvollste Vorlesung in diesem Band ist die letzte, ein Kommentar zur Quantenphysik. Die Aussage, die Quantenmechanik habe die Physik des 20. Jahrhunderts beherrscht und sei die bei weitem erfolgreichste wissenschaftliche Theorie, die es gibt, ist keine Übertreibung. Für das Verständnis von subatomaren Teilchen, Atomen, Molekülen sowie der chemischen Bindung, der Struktur von Festkörpern, Supraleitern und Supraflüssigkeiten, der elektrischen und thermischen Leitfähigkeit von Metallen und Halbleitern, der Sternenstruktur und vieler anderer Dinge ist sie unerläßlich. Ihre praktischen Anwendungen reichen vom Laserstrahl bis hin zum Mikrochip. Und all dies beruht auf einer Theorie, die einem auf den ersten – und den zweiten – Blick völlig verrückt vorkommt! Niels Bohr, einer der Begründer der Quantenmechanik, bemerkte einmal, jeder, der von dieser Theorie nicht völlig schockiert sei, habe sie nicht begriffen.

Das Problem ist, Quantenmechanik erschüttert das, was wir die Wirklichkeit, so wie der gesunde Menschenverstand sie versteht, nennen könnten, im innersten Kern. Insbesondere die Vorstellung, daß physikalische Objekte wie Elektronen oder Atome unabhängig von einem Beobachter existieren und jederzeit über einen vollständigen Satz physikalischer Eigenschaften verfügen, wird in Frage gestellt. Beispielsweise kann ein Elektron nicht eine bestimmte Position im Raum und gleichzeitig eine genau definierte Geschwindigkeit haben. Will man die Position eines Elektrons bestimmen, findet man es an einer Stelle; mißt man seine Geschwindigkeit, erhält man ebenfalls eine eindeutige Antwort, doch es ist nicht möglich, beide Beobachtungen gleichzeitig anzustellen. Und es hat auch keinen Sinn, einem Elektron eindeutige, jedoch unbekannte Werte für seine Position und seine Geschwindigkeit zuzuschreiben, wenn man nicht über einen kompletten Satz an Beobachtungen verfügen kann.

Heisenberg formulierte diese Unbestimmtheit der eigentlichen

Natur atomarer Teilchen in seiner berühmten Unschärferelation. Sie setzt der Genauigkeit, mit der man Eigenschaften wie Ort und Geschwindigkeit gleichzeitig bestimmen kann, enge Grenzen. Ein eindeutiger Wert für den Ort verwischt die Variationsbreite möglicher Werte für die Geschwindigkeit und umgekehrt. Diese Ungenauigkeit zeigt sich an der Art und Weise, wie Elektronen, Photonen und andere Teilchen sich bewegen. Gewisse Experimente zeigen, daß sie einen bestimmten Weg durch den Raum nehmen, etwa so, wie Kugeln sich auf einer festgelegten Flugbahn auf ein Ziel zubewegen. Andere experimentelle Anordnungen lassen jedoch erkennen, daß diese eigenständigen Gebilde sich auch wie Wellen verhalten und charakteristische Muster der Beugung und Überlagerung aufweisen können.

Feynmans meisterhafte Analyse des berühmten »Doppelspalt«-Experiments, das den »schockierenden« Dualismus Welle–Teilchen in seiner krassesten Form herausdestilliert, wurde zu einem klassischen Beispiel in der Geschichte wissenschaftlicher Darlegungen. Es gelingt ihm, anhand einiger sehr einfacher Vorstellungen dem Leser das eigentliche Geheimnis der Quanten zu enthüllen, das uns angesichts des paradoxen Wesens der Wirklichkeit, die auf diese Weise sichtbar wird, regelrecht verzaubert.

Wiewohl die Quantenmechanik im Mittelpunkt aller Lehrbücher der frühen dreißiger Jahre stand, zog Feynman es als junger Mann bezeichnenderweise vor, diese Theorie für sich selber in völlig anderer Form neu zu formulieren. Die Feynman-Methode hat den Vorteil, uns ein anschauliches Bild zu vermitteln, wie trickreich Quantenmechanik funktioniert. Laut der zugrundeliegenden Idee ist in der Quantenmechanik der Weg eines Teilchens durch den Raum im allgemeinen nicht genau definiert. Wir können uns ein Elektron vorstellen, das sich frei bewegt und beispielsweise nicht einfach geradewegs von A nach B fliegt, wie der gesunde Menschenverstand dies nahelegt, sondern vielfältige sich dahinschlängelnde Wege einschlägt. Feynman fordert uns auf, uns vorzustellen, irgendwie erkunde das Elektron alle denkbaren Pfade, und da man nicht beobachten kann, welchen Weg genau es nimmt, müssen wir davon ausgehen, daß diese alternativen Pfade irgendwie in ihrer Gesamtheit die Wirklichkeit darstellen. Trifft also ein Elektron an einem Punkt im Raum ein – beispielsweise auf einem Zielschirm –, müssen viele verschiedene Abläufe zusammenwirken, damit es zu diesem einen Ereignis kommt.

Feynmans Zugang zur Quantenmechanik mittels seines sogenannten Pfadintegrals, auch als »Summe über (mögliche) Historien« bezeichnet, verwandelte dieses bemerkenswerte Konzept in ein mathematisches Verfahren. Viele Jahre hindurch wurde es mehr oder weniger als Kuriosität betrachtet, doch als die Physiker die Quantenmechanik bis an ihre Grenzen vorantrieben – sie auf Gravitation und sogar Kosmologie anwandten –, stellte der Feynmansche Ansatz sich als das beste Berechnungsverfahren zur Beschreibung eines Quantenuniversums heraus. Die Geschichte könnte durchaus erweisen, daß die Formulierung des Pfadintegrals für die Quantenmechanik den bedeutendsten seiner vielen herausragenden Beiträge zur Physik darstellt.

Viele der in diesem Band dargelegten Vorstellungen sind zutiefst philosophisch. Dennoch war Feynman Philosophen gegenüber ungemein skeptisch. Ich hatte einmal Gelegenheit, ihn auf das Wesen der Mathematik und physikalischer Gesetze sowie auf die Frage anzusprechen, ob man von einer unabhängigen platonischen Existenz abstrakter mathematischer Gesetze ausgehen könne. Er antwortete mit einer geistvoll-gewandten Darlegung, warum dies in der Tat so zu sein scheine, wich jedoch sofort aus, als ich ihn drängte, eine eindeutige philosophische Position zu beziehen. Ähnlich argwöhnisch reagierte er, als ich versuchte, ihn bei dem Thema Reduktionismus aus der Reserve zu locken. Im nachhinein glaube ich, Feynman betrachtete philosophische Probleme keineswegs mit Geringschätzung. Doch auf ähnliche Weise, wie er meisterlich mathematische Physik betrieb, ohne sich systematischer Mathematik zu bedienen, formulierte er ohne Rückgriff auf eine systematische Philosophie etliche ungemein ansprechende philosophische Einsichten. Gegen Formalisierungen hatte er eine Abneigung, nicht jedoch gegen Inhalte. Einen zweiten Feynman wird die Welt wahrscheinlich nie erblicken. Er war in hohem Maße ein Mensch seiner Zeit. Der Feynman-Stil eignete sich hervorragend für ein Gebiet, das gerade eine Revolution festschrieb und die weitreichende Erforschung der Schlußfolgerungen, die sich daraus ergaben, in Angriff nahm. Die Nachkriegsphysik ruhte auf einer sicheren Grundlage; ihr theoretischer Rahmen war ausgereift, doch weit offen für detektivische Durchforstung. Feynman betrat ein Wunderland abstrakter Vorstellungen und prägte vielen von ihnen seinen ganz persönlichen Stil auf. Vorliegendes Buch vermittelt einen Einblick in das Denken eines wahrhaft bemerkenswerten Menschen.

September 1994   *Paul Davies*

Vorwort zur Neuausgabe der »Feynman Lectures on Physics«

Gegen Ende seines Lebens genoß Richard Feynman weit über die Grenzen der wissenschaftlichen Gemeinschaft hinaus großes Ansehen. Seine erfolgreiche Tätigkeit als Mitglied der mit der Untersuchung der Challenger-Katastrophe beauftragten Kommission machte ihn einer breiten Öffentlichkeit bekannt; zudem wurde er durch einen Bestseller, in dem er von seinen Schelmenabenteuern berichtete, zu einer Art Volksheld, beinahe so bekannt wie der schrullige Einstein. Doch schon 1961, noch ehe er den Nobelpreis erhielt, der ihn auch in der breiten Öffentlichkeit bekannt machte, war Feynman in der wissenschaftlichen Gemeinschaft mehr als nur berühmt – er war eine Legende. Zweifellos trug seine außergewöhnliche Begabung als Lehrer dazu bei, die Legende von Richard Feynman zu verbreiten und zunehmend auszuschmücken.

Er war ein wahrhaft großer Lehrer, vielleicht der größte seiner und unserer Zeit. Für Feynman war der Hörsaal eine Bühne, der Vortragende ein Schauspieler, der seinem Publikum einen geistsprühenden Auftritt darbot, aber auch Fakten und Zahlen lieferte. Mit weit ausholenden Gesten marschierte er vor seinen Zuhörern hin und her, »eine unmögliche Kreuzung aus theoretischem Physiker und Marktschreier, nichts als Körpersprache und Toneffekte«, wie *The New York Times* schrieb. Ob er sich nun an die Studenten, an Kollegen oder an irgendein ganz beliebiges Publikum wandte, für alle, die das Glück hatten, bei einer von Feynmans Vorlesungen dabeizusein, war es, wie der Mensch selbst, ein aus dem Rahmen des Üblichen fallendes, unvergeßliches Erlebnis. Er war ein Meister der Dramatik und beherrschte die Kunst, sein Publikum zu fesseln. Vor vielen Jahren hielt er vor einer ziemlich großen Zuhörerschaft – ein paar eingeschriebenen Doktoranden und den meisten Mitgliedern des physikalischen Fachbereichs am Caltech – einen Kurs in Quantenmechanik für Fortgeschrittene ab. Im Verlauf einer der Vorlesungen erklärte Feynman, wie man bestimmte komplizierte Integrale in Form eines Diagramms darstellen kann: Zeit auf dieser Achse, Raum auf jener, eine Wellenlinie für diese Gerade und so weiter. Nachdem er an die Tafel geschrieben hatte, was man in der Welt der Physik mittlerweile als Feynman-Diagramm bezeichnet, drehte er sich um und grinste die Zuhörer verschmitzt an:»Und das ist DAS DIAGRAMM!« Dies war die Pointe des Ganzen, und das begeisterte Publikum brach spontan in Beifall aus.

Noch viele Jahre nach den Vorlesungen, die in vorliegendem Buch zusammengestellt sind, hielt Feynman Gastvorlesungen für Erstsemester im Fach Physik am Caltech. Fast versteht es sich von selbst, daß man seine Auftritte geheimhalten mußte, damit auch Studenten Platz im Hörsaal fanden. Bei einer dieser Vorlesungen war das Thema die Raumzeitkrümmung, und wie immer war Feynman brillant. Doch das wirklich Unvergeßliche war, wie er die Vorlesung begann. Eben erst war die Supernova des Jahres 1987 entdeckt worden; Feynman war ganz aufgeregt wegen dieses Ereignisses. Er erklärte:»Tycho Brahe hatte seine Supernova und Kepler die seine. Dann kam vierhundert Jahre lang keine mehr. Und jetzt habe ich meine.« Die Zuhörer verstummten, und Feynman fuhr fort:»Die Milchstraße besteht aus 10^{11} Sternen, eine ungeheure Zahl, haben wir immer geglaubt. Aber das sind nur hundert Milliarden – weniger als das Haushaltsdefizit unseres Landes! Wir haben das immer als astronomische Zahl bezeichnet – in Zukunft sollten wir sie besser eine wirtschaftswissenschaftliche

Zahl nennen.« Schallendes Gelächter – Feynman hatte sein Publikum erobert und machte mit seiner Vorlesung weiter.

Ganz abgesehen von seiner Art, eine Vorlesung wie ein Theaterstück zu inszenieren, war Feynmans pädagogische Methode im Grunde recht einfach. Bei seinen Unterlagen im Caltech-Archiv fand man eine Notiz, in der er sie während eines Aufenthalts in Brasilien 1952 skizziert hatte – eine Zusammenfassung seiner Philosophie des Lehrens:

»Überleg dir als erstes, warum du möchtest, daß die Studenten etwas über dieses Thema erfahren und was sie deiner Meinung nach darüber wissen sollten – dann ergibt die Methode sich mehr oder weniger von selber aus dem gesunden Menschenverstand.«

Was der »gesunde Menschenverstand« Feynman eingab, waren oft ungemein geistvolle Wendungen, die das Wesentliche seiner Darlegungen genau trafen. Als er einmal während einer öffentlichen Vorlesung erklären wollte, weshalb man eine bestimmte Vorstellung nicht anhand der Daten verifizieren sollte, die einen überhaupt erst auf die Idee gebracht hatten, redete er plötzlich von Nummernschildern und schien so vom Thema abzuschweifen:»Sehen Sie, heute abend ist mir etwas wirklich Erstaunliches passiert. Auf dem Weg zu dieser Vorlesung bin ich über den Parkplatz spaziert, und – Sie werden es nicht glauben: ich entdeckte ein Auto mit dem Kennzeichen ARW 357. Stellen Sie sich das einmal vor! Wie groß war die Wahrscheinlichkeit, von den Millionen Nummernschildern in diesem Staat ausgerechnet dieses zu sehen? Wirklich, höchst erstaunlich!« Feynman hatte etwas, das selbst manche Wissenschaftler nicht ganz verstehen, mittels seines bemerkenswerten »gesunden Menschenverstandes« erklärt.

In den fünfunddreißig Jahren (1952 bis 1987), in denen er am Caltech arbeitete, hielt Feynman offiziell vierunddreißig Vorlesungsreihen und Kurse ab. Bei fünfundzwanzig handelte es sich um ausschließlich für Doktoranden bestimmte Fortgeschrittenen-kurse; Studenten, die daran teilnehmen wollten, aber noch keinen akademischen Abschluß hatten, brauchten dafür eine Genehmigung (die sie oft beantragten und die fast immer bewilligt wurde). Die restlichen Veranstaltungen waren großteils Einführungskurse für höhere Semester. Ein einziges Mal hielt Feynman eine ausdrücklich auf Anfangssemester zugeschnittene Lehrveranstaltung ab: jene berühmten Vorlesungen in den Semestern 1961 bis 1963 – einschließlich einer kurzen Wiederholung 1964 –, die zu den *Feynman Lectures on Physics* werden sollten.

Am Caltech war man sich damals darüber einig, daß die zwei Jahre Pflichtstudium in Physik Erst- und Zweitsemester eher abschreckten als anspornten. Dagegen wollte man etwas unternehmen, folglich bat man Feynman, eine Vorlesungsreihe für diesen zweijährigen Kurs auszuarbeiten, und zwar für ein und dieselbe Gruppe Studenten auch im zweiten Studienjahr. Er erklärte sich dazu bereit, und sofort beschloß man, die Vorlesungen für eine spätere Veröffentlichung mitschreiben zu lassen. Allerdings erwies sich dies als weit schwieriger, als man es sich vorgestellt hatte. Aus den Vorlesungen für eine Publikation geeignete Bücher zu machen bedeutete ungeheuer viel Arbeit sowohl für Feynmans Kollegen wie auch für ihn selber; er redigierte die endgültige Fassung jedes einzelnen Kapitels.

Außerdem mußte man sich um die praktische Durchführung kümmern. Einfach war das nicht, da Feynman lediglich einen ziemlich allgemein gehaltenen Entwurf dessen, was er alles abhandeln wollte, skizziert hatte. Das bedeutete, niemand wußte wirklich, was Feynman erzählen würde, solange er nicht vor den Studenten stand und es tatsächlich darlegte. Die Dozenten am Caltech, die ihm assistierten, mußten sich also, so gut sie konnten, bemühen, die eher profanen Dinge zu erledigen, zum Beispiel Fragen für die Hausaufgaben auszuarbeiten.

Warum verwandte Feynman mehr als zwei Jahre darauf, die Vorgehensweise, Anfängern Physik nahezubringen, radikal zu ändern? Darüber kann man nur Mutmaßungen anstellen; vermutlich bewog ihn dreierlei dazu. Zum einen machte es ihm Spaß, zu einem Publikum zu sprechen, und hier bot sich ihm eine größere Bühne als normalerweise bei Doktorandenkursen. Zweitens lagen ihm die Studenten wirklich am Herzen, und er hielt es einfach für wichtig, Erstsemester zu unterrichten. Der dritte und vielleicht ausschlaggebende Grund war die schiere Herausforderung, Physik, wie er sie verstand, so umzuformulieren, daß er sie auch Studienanfängern zumuten konnte. Das war seine Spezialität und sein Maßstab dafür, ob man etwas wirklich begriffen hatte. Einmal wurde Feynman von einem anderen Fakultätsmitglied gefragt, warum Teilchen mit dem Spin $1/2$ der Fermi-Dirac-Statistik genügen. Er schätzte sein Gegenüber völlig richtig ein und erklärte: »Ich werde darüber eine Vorlesung für Studienanfänger ausarbeiten.« Ein paar Tage später kam er jedoch noch einmal darauf zurück und gestand: »Na ja, ich habe es nicht geschafft. So einfach, daß auch ein Erstsemester es kapiert, konnte ich es nicht darstellen. Das heißt, wir verstehen es nicht wirklich.«

Diese besondere Begabung, tiefschürfende Gedanken auf einfache, verständliche Aussagen zu reduzieren, zeichnet sämtliche *Feynman Lectures on Physics* aus, doch nirgends wird sie deutlicher erkennbar als in der Art, wie er die Quantenmechanik darstellte. Physikern aus Leidenschaft ist klar, welches Bravourstück ihm damit gelang: Er erklärte Erstsemestern die Pfadintegral-Methode, jenes von ihm entwickelte Verfahren, mit dessen Hilfe er einige der grundlegenden Probleme der Physik lösen konnte. Es war unter anderem seine Arbeit mit Pfadintegralen, die ihm 1965 den Nobelpreis einbrachte, den er sich mit Julian Schwinger und Sin-Itero Tomonaga teilte.

Obwohl sich bereits der Schleier der Erinnerung darüber gebreitet hat, erklärten viele Studenten und Fakultätsangehörige, die die Vorlesungen gehört hatten, zwei Jahre Unterricht bei Feynman seien eine Erfahrung fürs Leben gewesen. Damals sah dies allerdings nicht ganz so aus. Viele Studenten hatten regelrecht Angst vor den einzelnen Vorträgen, und mit der Zeit sprangen erschreckend viele ab. Gleichzeitig kamen jedoch immer mehr Fakultätsmitglieder und Doktoranden zu den Vorlesungen. Der Saal war immer voll, und möglicherweise erfuhr Feynman selber nie, daß ihm ein Teil seines Publikums abhanden gekommen war, und zwar ausgerechnet der, den er eigentlich vor Augen gehabt hatte. Aber selbst Feynman war der Ansicht, er habe mit seinen pädagogischen Bemühungen keinen Erfolg gehabt. 1963 schrieb er in seinem Vorwort zu den *Lectures:* »Ich glaube nicht, daß ich es aus der Sicht der Studenten besonders gut gemacht habe.« Bei erneuter Lektüre der Bücher hat man indes den Eindruck, Feynman gelegentlich dabei zu ertappen, wie er über die Schulter hinweg nicht zu seinen jungen Zuhörern, sondern unmittelbar an seine Kollegen gewandt sagt: »Schaut mal! Seht her, hab ich diesen Punkt nicht prima herausgearbeitet! Ziemlich raffiniert, was?« Doch selbst wenn er überzeugt war, den Erst- und Zweitsemestern etwas wirklich anschaulich zu erläutern, profitierten in Wirklichkeit nicht sie am meisten davon. Seine Kollegen – Naturwissenschaftler, Physiker, Professoren – zogen den größten Nutzen aus seiner überragenden Leistung, sie die Physik in der unverbrauchten, dynamischen Sichtweise Richard Feynmans erleben zu lassen.

Feynman war mehr als ein großartiger Lehrer. Seine eigentliche Begabung war es, ein außergewöhnlicher Lehrer für andere Lehrer zu sein. Falls es Sinn und Zweck der *Lectures* war, einen Hörsaal voller Studenten darauf vorzubereiten, Prüfungsaufgaben im Fach Physik zu lösen, kann man nicht behaupten, daß er besonders erfolgreich war. Und falls sie als Lehrbuch zur Einführung für Collegestudenten gedacht waren, kann man ebensowenig sagen, er habe sein Ziel erreicht. Dennoch wurden sie in zehn Sprachen übersetzt und liegen zudem in vier zweisprachigen Ausgaben vor. Feynman selbst war der Ansicht, weder die QED noch die Theorie supraflüssigen Heliums, noch die der Polaronen und Partonen seien sein wichtigster Beitrag zur Physik gewesen. Sein herausragendster Beitrag sollten diese drei roten Bücher werden: *The Feynman Lectures on Physics*. Und diese Überzeugung rechtfertigt die vorliegende Gedenkausgabe jenes berühmten Werks.

April 1989   *David L. Goodstein*
                                                                  Gerry Neugebauer
                                            California Institute of Technology

Zu Richard Feynman

Richard P. Feynman wurde 1918 in Brooklyn geboren; seinen Ph. D. erhielt er 1942 an der Universität Princeton. Trotz seines jugendlichen Alters spielte er während des Zweiten Weltkriegs eine maßgebliche Rolle beim Manhattan-Projekt in Los Alamos. In der Folgezeit lehrte er in Cornell und am California Institute of Technology. 1965 erhielt er für seine Arbeiten zur Quantenelektrodynamik zusammen mit Sin-Itero Tomonaga und Julian Schwinger den Nobelpreis für Physik.

Diese Auszeichnung wurde ihm für seine Beiträge zur Lösung von Problemen der Theorie der Quantenelektrodynamik verliehen. Darüber hinaus entwickelte er eine mathematische Theorie zur Erklärung des Phänomens der Suprafluidität in flüssigem Helium. Anschließend leistete er zusammen mit Murray Gell-Mann grundlegende Arbeit auf dem Gebiet der schwachen Wechselwirkungen, etwa dem Betazerfall. Später spielte Feynman eine Schlüsselrolle bei der Entwicklung der Theorie der Quarks, als er sein Partonenmodell hochenergetischer Kollisionsprozesse bei Protonen vorlegte.

Überdies führte Feynman grundlegende neue Rechenverfahren und -schreibweisen in die Physik ein – insbesondere die allgegenwärtigen Feynman-Diagramme, die in vielleicht höherem Maße als alle anderen Formalisierungen in der jüngeren Geschichte der Naturwissenschaft die Art und Weise veränderten, wie man grundlegende physikalische Prozesse in Begriffe faßt und berechnet. Feynman war ein erstaunlich erfolgreicher Pädagoge. Besonders stolz war er persönlich auf die Oersted Medal for Teaching, die ihm 1972 zusätzlich zu seinen zahlreichen anderen Auszeichnungen verliehen wurde. Im *Scientific American* beschrieb ein Kritiker *The Feynman Lectures on Physics* (California Institute of Technology, 1963 ff.; dt.: Richard P. Feynman, Vorlesungen über Physik. München: Oldenbourg, 1991 ff.) als »schwere, aber nahrhafte und äußerst wohlschmeckende Kost. Nach 25 Jahren sind sie *das* Handbuch für Dozenten und die Elite der Studienanfänger.« Um das Verständnis für Physik in der Öffentlichkeit zu fördern, veröffentlichte Feynman *The Character of Physical Law* (Cambridge, Mass.: M. I. T. Press, 1967; dt.: Vom Wesen physikalischer Gesetze. München: Piper, 1990) und *Q. E. D.: – The Strange Theory of Light and Matter* (Princeton: Princeton University Press, 1985; dt.: QED – Die seltsame Theorie des Lichts und der Materie. München: Piper, 1988). Darüber hinaus war er Mitverfasser zahlreicher anspruchsvoller Veröffentlichungen, die zu klassischen Nachschlagewerken und Lehrbüchern für Forscher und Studenten wurden.

Richard Feynman war zudem eine führende Persönlichkeit des öffentlichen Lebens. Seine Mitarbeit in der Challenger-Kommission ist allgemein bekannt, insbesondere sein berühmter Nachweis der Anfälligkeit von Dichtungsringen mit rundem Querschnitt für Kälte, ein elegantes Experiment, für das er nichts weiter als ein Glas eisgekühltes Wasser brauchte. Seine Tätigkeit im California State Curriculum Committee in den sechziger Jahren, in deren Verlauf er massive Einwände gegen die Mittelmäßigkeit von Lehrbüchern vorbrachte, ist nicht so bekannt.

Eine Aufzählung Richard Feynmans zahlloser wissenschaftlicher Leistungen und erzieherischer Erfolge kann jedoch das Wesen dieses Menschen nicht annähernd erfassen. Jeder Leser selbst seiner technischsten Veröffentlichungen weiß, wie sehr

Feynmans lebhafte, vielseitige Persönlichkeit sein ganzes Wirken prägte. Er war nicht nur Physiker, sondern reparierte zeitweise Radios, knackte Schlösser, war Künstler, Tänzer, Bongospieler und entzifferte sogar Hieroglyphen der Mayas. Seine Neugierde auf die Welt, in der wir leben, in der er lebte, war unerschöpflich, und er war der Empiriker par excellence.

Richard Feynman starb am 15. Februar 1988 in Los Angeles.

Vorwort

Die hier vorliegenden Physikvorlesungen* hielt ich im letzten und vorletzten Jahr für Erstsemester und Studenten im zweiten Studienjahr am Caltech. Natürlich entsprechen sie nicht wortgetreu dem damaligen mündlichen Vortrag – sie wurden, manchmal mehr, manchmal weniger gründlich, redaktionell überarbeitet. Zudem stellten die Vorlesungen nur einen Teil des gesamten Kurses dar. Zweimal pro Woche versammelten sich die hundertachtzig Studenten in einem großen Hörsaal, um sich die Vorlesungen selbst anzuhören. Anschließend teilten sie sich zur Nachbereitung in kleine Gruppen zu fünfzehn oder zwanzig auf, die jeweils von einem Assistenten betreut wurden. Außerdem stand einmal wöchentlich ein Laborpraktikum auf dem Plan.

Mit diesen Vorlesungen versuchten wir einem ganz besonderen Problem beizukommen: Wir wollten das Interesse der wirklich begeisterten, außerdem auch ziemlich schlauen Studenten wachhalten, die von den High-Schools ans Caltech gekommen waren. Sie hatten eine Menge darüber gehört, wie interessant und aufregend Physik sei – Relativitätstheorie, Quantenmechanik und andere ziemlich neue theoretische Konzepte. Der vorangegan-

---

* Dieses Vorwort schrieb Feynman 1963 zur Erstausgabe seiner »Feynman Lectures on Physics«, die in einer deutschen Ausgabe in drei Bänden 1991 / 1996 bei Oldenbourg, München erschienen sind.

gene zweijährige Kurs hatte viele ziemlich entmutigt, denn in Wirklichkeit hatte man ihnen nur sehr wenige großartige, neue und wirklich moderne Ideen präsentiert. Statt dessen hatte man sie schiefe Ebenen, elektrostatische Phänomene und so weiter untersuchen lassen, und im Lauf von zwei Jahren war das ziemlich langweilig geworden. Das eigentliche Problem war also, ob es uns gelänge, einen Kurs abzuhalten, bei dem ein fortgeschrittener und nach wie vor begeisterter Student seinen Enthusiasmus nicht einbüßt. Die Vorlesungen sind keineswegs als bloßer Überblick gedacht – sie reichen viel tiefer. Mit ihnen wollte ich mich an die intelligentesten Kursteilnehmer wenden und die jeweiligen Themen möglichst auf eine Weise darstellen, daß selbst der begabteste Student nicht in der Lage wäre, alle Vorlesungen wirklich voll und ganz zu begreifen – aus dem Grund wartete ich meist mit Vorschlägen auf, wie man die jeweiligen Ideen und Konzepte abseits der gängigen Praxis umsetzen könnte. Allerdings gab ich mir auch wirklich Mühe, sämtliche Aussagen so exakt wie möglich zu formulieren und in jedem einzelnen Fall zu zeigen, wie die Gleichungen und die ihnen zugrundeliegenden Ideen sich in die Physik im ganzen einfügen und wie das alles sich – je mehr man dazulernt – ändern könnte. Außerdem hatte ich das Gefühl, solche Studenten müßte man darauf hinweisen, was sie – falls sie klug genug wären – mittels eigener Schlußfolgerungen aus dem Dargelegten von sich aus zu verstehen in der Lage sein sollten und was wirklich neu hinzukommt. Sobald es um neue Ideen ging, versuchte ich entweder, sie abzuleiten – soweit dies möglich war –, oder aber ich erklärte, daß es sich in der Tat um eine neue Vorstellung handelte, die in keiner Weise auf dem aufbaute, was sie bereits gelernt hatten, und die nicht beweisbar war, sondern einfach eingefügt wurde.

Anfangs ging ich davon aus, die Studenten verfügten bereits über ein bestimmtes Grundwissen, wenn sie von der High-School kamen – hinsichtlich Themen wie optischer Geometrie, Grundbegriffen der Chemie und so weiter. Außerdem sah ich keinerlei Anlaß, mich bei den Vorlesungen an eine bestimmte Reihenfolge zu halten, also nichts erwähnen zu dürfen, ehe ich es nicht in allen Einzelheiten darlegen konnte. Vieles, das erst später an die Reihe käme, wurde bereits vorher angesprochen, ohne es ausführlich zu behandeln. Die umfassenderen Erörterungen sparte ich für später auf, wenn die Studenten fortgeschrittener wären. Das galt beispielsweise für die Erläuterungen zur Induktion sowie der Energieniveaus, die ich zunächst nur auf sehr qualitative Weise vorstellte und erst an späterer Stelle umfassender ausführte.

Während ich mich einerseits an den wirklich Interessierten wandte, wollte ich andererseits auch denjenigen nicht verprellen, den zusätzliche Gedankenblitze und Abschweifungen bloß aus der Fassung bringen und der womöglich das, was in den Vorlesungen zur Sprache kommt, überhaupt nicht versteht. Diesen Studenten wollte ich zumindest einen Grundstock, eine Art Rückgrat des Stoffes bieten, das, was sie eben begreifen konnten. Selbst wenn sie in einer Vorlesung nicht alles verstanden, würde sie das, so hoffte ich, nicht verunsichern. Ich erwartete nicht, daß sie alles begriffen, nur die wirklich und unmittelbar wichtigen Aussagen sollten sie verstehen. Selbst das setzt natürlich eine gewisse Intelligenz voraus, um zu erkennen, welches die zentralen Theoreme und Vorstellungen sind und in welchen Fällen es sich um Nebenthemen und Anwendungen für weiter Fortgeschrittene handelt, die sie vielleicht erst in etlichen Jahren verstünden.

In einer Hinsicht hatte ich bei diesen Vorlesungen wirklich ein Problem: Bei dieser Art von Kurs bekommt der Vortragende keinerlei Rückmeldung, wie gut er den Inhalt der Vorlesungen vermitteln konnte. Ein in der Tat schwerwiegendes Problem, und ich habe keine Ahnung, wie gut die Vorlesungen wirklich sind. Im Grunde genommen war die ganze Veranstaltung ein Experiment. Und wenn ich nochmals eine solche Vorlesungsreihe halten müßte, würde ich es wahrscheinlich ganz anders angehen – ich hoffe nur,

ich muß das nicht ein zweites Mal machen! Dennoch glaube ich,
das Ganze ist – soweit es die Physik betrifft – im ersten Jahr recht
zufriedenstellend gelaufen. Mit dem zweiten Jahr war ich nicht so zufrieden. Im ersten
Teil des Kurses, bei dem es um Elektrizität und Magnetismus
ging, fiel mir um alles in der Welt nicht ein, wie ich das Thema
spektakulärer und origineller abhandeln und anregender darstellen könnte. Vermutlich habe ich mich also bei den Vorlesungen über diese Themen nicht besonders gut gehalten. Ursprünglich hatte ich nach dem ersten Jahr, nach Elektrizität und
Magnetismus weitere Vorlesungen über die Eigenschaften von
Materie eingeplant; allerdings wollte ich hauptsächlich Themen
wie Grundschwingungen, Lösungen der Diffusionsgleichung,
Schwingungssysteme, Orthogonalfunktionen und so weiter ansprechen und allmählich die Grundzüge dessen darlegen, was
man im allgemeinen als »die mathematischen Methoden in der
Physik« bezeichnet. Rückblickend glaube ich, wenn ich derlei
noch einmal machen müßte, würde ich diese ursprüngliche
Idee wiederaufgreifen. Da jedoch eine Wiederholung der Vorlesungen nicht vorgesehen war, hielt man es für vertretbar, eine
Einführung in die Quantenmechanik zu versuchen – die Sie in
Band III finden.

Mir ist vollkommen klar, daß Studenten im Hauptfach Physik
mit der Quantenmechanik bis zum dritten Studienjahr warten können. Hiergegen wandte man ein, viele Studenten besuchten unseren Kurs hauptsächlich, um sich eine Art physikalisches
Hintergrundwissen für ihr eigentliches Interessengebiet anzueignen. Und die Art, wie man Quantenmechanik normalerweise
abhandelt, hindert einen Großteil der Studenten geradezu daran, sich eingehend mit dem Thema zu befassen, da sie dafür ungeheuer viel Zeit aufwenden müßten. Und das, obwohl man für
die Anwendungen – insbesondere die komplexen Anwendungen
wie in der Elektrotechnik und der Chemie – das umfassende Instrumentarium der Differentialgleichungen eigentlich gar nicht

braucht. Ich versuchte also, die Grundlagen der Quantenmechanik so darzustellen, daß man nicht erst die Mathematik partieller Differentialgleichungen beherrschen muß. Selbst für einen Physiker ist dies – die Quantenmechanik sozusagen von hinten aufzuzäumen – meiner Ansicht nach eine interessante Herausforderung, und zwar aus mehreren Gründen, die vermutlich aus den Vorlesungen selber ersichtlich werden. Allerdings scheint mir das Experiment mit der Quantenmechanik kein voller Erfolg gewesen zu sein – in erster Linie wohl, weil ich gegen Ende einfach nicht mehr genügend Zeit hatte (beispielsweise hätte ich noch drei, vier zusätzliche Vorlesungen gebraucht, um Themen wie Energiebänder oder die räumliche Abhängigkeit der Amplituden umfassender abzuhandeln). Außerdem hatte ich Quantenmechanik noch nie auf diese Weise dargelegt und vermißte daher eine entsprechende Rückmeldung besonders. Mittlerweile glaube ich, Quantenmechanik sollte man zu einem späteren Zeitpunkt erklären. Vielleicht bietet sich mir später einmal die Möglichkeit, es erneut zu probieren. Dann werde ich es richtig angehen.

Da es eine eigene Veranstaltung zur Aufarbeitung des Stoffes gab, wurden keine Vorlesungen zur Lösung bestimmter Aufgaben eingeplant. Zwar hielt ich im ersten Jahr drei zusätzliche Vorlesungen darüber, wie man Probleme löst, doch die wurden hier nicht mit aufgenommen. Außerdem fehlt eine Vorlesung zur Trägheitssteuerung, die eigentlich auf die über rotierende Systeme folgen sollte. Und die fünfte und sechste Vorlesung wurden von Matthew Sands gehalten, da ich in der Zeit verreist war.

Natürlich stellt sich die Frage, wie erfolgreich unser Experiment war. Ich persönlich bin da eher pessimistisch – auch wenn diese Ansicht von den meisten Leuten, die mit den Studenten gearbeitet haben, offenbar nicht geteilt wird. Ich glaube nicht, daß es mir aus der Sicht der Studenten besonders gut gelungen ist. Wenn ich mir überlege, wie die Mehrzahl der Studenten die Prüfungsaufgaben gelöst – oder zu lösen versucht – hat, komme ich zu dem Schluß, daß es so nicht funktioniert. Wohl wahr, meine Freunde weisen mich darauf hin, ein, zwei Dutzend Studenten haben – überraschenderweise – in allen Vorlesungen so gut wie alles verstanden und sind recht geschickt mit dem Stoff umgegangen, haben sich begeistert und ungemein interessiert mit den vielen verschiedenen Themen befaßt. Sie verfügen jetzt, so glaube ich, über ein hervorragendes physikalisches Grundwissen. Allerdings gilt auch:»Die Macht der Unterweisung kommt selten zur Wirkung, außer unter jenen glückhaften Voraussetzungen, wenn sie nahezu überflüssig ist.« (Gibbon)

Zudem wollte ich keinen der Studenten ganz »abhängen«, obwohl das möglicherweise trotzdem passiert ist. Eine Möglichkeit, den Studenten wirklich zu helfen, wäre es meiner Meinung nach, mehr Mühe auf die Zusammenstellung von Themen und Problemen zu verwenden, anhand der man die in den Vorlesungen dargelegten Vorstellungen erläutern könnte. Problem- und Aufgabenstellungen bieten die Möglichkeit, den Vorlesungsstoff zu vervollständigen, ihn realistischer, umfassender und damit eingängiger zu gestalten.

Dennoch glaube ich, dieses Problem der Ausbildung läßt sich nur lösen, wenn einem klar ist, daß ein wirklich guter Unterricht nur dann stattfinden kann, wenn der Student und ein guter Lehrer eine persönliche Beziehung zueinander entwickeln, wenn man mit dem Studenten die jeweiligen Ideen erörtert, der Student sich über die verschiedenen Themen seine eigenen Gedanken macht und über diese spricht. Es ist schlicht nicht möglich, viel zu lernen, wenn man lediglich in einem Vorlesungssaal sitzt oder auch nur irgendwelche Aufgaben löst, die einem vorgelegt werden. Doch heutzutage müssen wir derart viele Studenten unterrichten, daß wir uns etwas ausdenken müssen, das diese Idealvorstellung einigermaßen ersetzt. Vielleicht können meine Vorlesungen ein wenig dazu beitragen. Vielleicht gibt es irgendwo einen kleinen Ort, wo Lehrer und Studenten einander persönlich kennen – ihnen liefern meine Vorlesungen vielleicht einige

Anregungen oder neue Gedanken. Vielleicht macht es ihnen sogar Spaß, über sie nachzudenken – oder weiterzumachen und einige von ihnen auszubauen.

Juni 1963 *Richard P. Feynman*

EINS

ATOME: UND SIE BEWEGEN SICH ...

Einführung

Diesen Zweijahreskurs in Physik biete ich Ihnen in der Annahme an, daß Sie, der Leser, Physiker werden wollen. Durchaus möglich, daß dies nicht der Fall ist, doch genau das glaubt jeder Professor, wenn es um sein Fach geht! Wenn Sie also Physiker werden wollen, bekommen Sie es mit einer ungeheuren Menge Stoff zu tun, den es zu lernen gilt: zweihundert Jahre des am raschesten sich weiterentwickelnden Wissensgebiets. Soviel Wissen, ehrlich gesagt, daß Sie vielleicht glauben, das alles in vier Jahren nie und nimmer zu schaffen, und damit haben Sie völlig recht: anschließend geht das Studium weiter!

Da überrascht es schon, daß es trotz der Unmenge Arbeit, die in diesem Zeitraum auf dem Gebiet geleistet wurde, möglich ist, die Fülle von Ergebnissen weitgehend zu verdichten – das heißt, *Gesetze* zu entdecken, die unser gesamtes Wissen zusammenfassen. Allerdings ist es so schwierig, diese Gesetze zu begreifen, daß es unfair Ihnen gegenüber wäre, sich an die Erforschung dieses gewaltigen Wissensgebiet heranzuwagen, ohne Ihnen eine Art allgemeiner oder Umrißkarte für die Beziehung zwischen einem Teilgebiet der Wissenschaft und einem anderen an die Hand zu geben. Nach diesen einleitenden Bemerkungen werde ich daher in den ersten drei Kapiteln das Verhältnis der Physik zu den anderen Wissenschaften, das Verhältnis dieser Wissenschaften zueinander sowie die Bedeutung von Wissenschaft skizzieren; das wird uns helfen, ein »Gefühl« für das Thema zu entwickeln.

Vielleicht fragen Sie jetzt, warum man Physik nicht einfach auf die Weise lehrt, daß man auf der ersten Seite die grundlegenden Gesetze darlegt und dann zeigt, wie sie unter allen nur denkbaren Umständen zum Tragen kommen. Bei der euklidischen Geometrie gehen wir ja schließlich auch so vor: Wir stellen fest, welche Axiome es gibt, um daraus dann alle möglichen Schlußfolgerungen abzuleiten. (Sie geben sich also nicht zufrieden damit, Physik innerhalb von vier Jahren zu lernen – Sie wollen sie in vier Minuten begreifen?) Das geht aber nicht, und zwar aus zwei Gründen. Erstens *kennen* wir noch nicht alle Naturgesetze: die Grenze des Nichtwissens schiebt sich immer weiter nach vorne, entfernt sich immer weiter von uns. Zweitens muß man sich bei der korrekten Formulierung physikalischer Gesetze einiger uns äußerst ungewohnter Vorstellungen bedienen, für deren Erklärung man höhere Mathematik heranziehen muß. Daher braucht man eine umfassende vorbereitende Grundausbildung, um erst einmal zu lernen, was die einzelnen *Worte* bedeuten. Nein, so geht es nicht. Wir können das Ganze nur nach und nach, Schritt für Schritt angehen.

Jedes Stück, jeder Teilbereich der Natur als Ganzes stellt immer nur eine *Annäherung* an die vollständige Wahrheit dar, zumindest an die vollständige Wahrheit, soweit wir sie kennen. Genaugenommen ist all unser Wissen nur eine Art Annäherung, *denn wir wissen, daß wir noch nicht alle Gesetze kennen.* Deshalb muß man alles mögliche lernen, nur um es wieder zu vergessen oder, was wahrscheinlicher ist, zu korrigieren.

Das Grundprinzip von Wissenschaft, ja, geradezu ihre Definition lautet: *Der Prüfstein jeglichen Wissens ist das Experiment.* Experimentieren ist der *alleinige Maßstab* für wissenschaftliche »Wahrheit«. Was aber ist die Quelle des Wissens? Woher kommen die Gesetze, die dieser Überprüfung unterzogen werden sollen?

Insofern sie uns Hinweise liefern, tragen die Experimente selber dazu bei, diese Gesetze zu formulieren. Doch es bedarf auch der *Vorstellungskraft,* um von diesen Hinweisen zu den großen Verallgemeinerungen zu kommen – um die wundervollen, einfachen, allerdings wahrhaft seltsamen Muster zu erraten, die ihnen allen zugrunde liegen; anschließend müssen wir weitere Experimente durchführen, um zu überprüfen, ob wir richtig geraten haben. Dieser Prozeß, bei dem Phantasie und Vorstellungskraft die Hauptrolle spielen, ist so kompliziert, daß wir in der Physik eine Arbeitsteilung eingeführt haben: da sind einerseits die *theoretischen* Physiker, die sich etwas vorstellen, deduzieren und neue Gesetze erraten, jedoch keine Experimente durchführen; und auf der anderen Seite haben wir die *experimentellen* Physiker – sie experimentieren, lassen ebenfalls ihre Vorstellungskraft spielen, ziehen Schlußfolgerungen und raten.

Wir haben gesagt, die Naturgesetze seien Näherungen: zuerst finden wir die »falschen«, dann die »richtigen«. Aber inwiefern kann ein Experiment »falsch« sein? Erstens aus ganz banalen Gründen: wenn irgend etwas mit der Apparatur nicht stimmt, etwas, das einem nicht aufgefallen ist. Doch derlei läßt sich ohne weiteres in Ordnung bringen und immer wieder überprüfen. Wieso können also, wenn wir derlei Kleinigkeiten beiseite lassen, die Ergebnisse eines Experiments falsch sein? Nur insofern, als sie ungenau sind. Beispielsweise ändert die Masse von Gegenständen sich anscheinend nie: ein rotierender Kreisel wiegt genauso viel wie einer, der sich nicht dreht. Man hat also ein »Gesetz« gefunden: Masse ist, unabhängig von der Geschwindigkeit, konstant. Nun stellt man jedoch auf einmal fest, das »Gesetz« stimmt nicht. Man findet heraus, daß die Masse mit der Geschwindigkeit zunimmt: doch eine wahrnehmbare Zunahme erfordert Geschwindigkeiten, die sich der des Lichts annähern. Ein *wahres* Gesetz lautet also: Wenn ein Gegenstand sich mit einer Geschwindigkeit von weniger als 160 Kilometern pro Sekunde bewegt, bleibt die Masse auf ein Millionstel genau konstant. In Form einer solchen Näherung ist das Gesetz also richtig. Man möchte also meinen, in der Praxis mache das neue Gesetz keinen wesentlichen Unterschied. Hm – ja und nein. Bei »normalen« Geschwindigkeiten können wir es schlicht vergessen, das stimmt, und das einfache Gesetz der konstanten Masse als gute Näherung anwenden. Sobald es aber um höhere Geschwindigkeiten geht, liegen wir falsch, und zwar um so falscher, je höher die Geschwindigkeit ist.

Und schließlich – und das ist nun wirklich interessant –: *vom Philosophischen her liegen wir* mit einem annähernden Gesetz *völlig falsch.* Wir müssen das Bild, das wir uns von der Welt machen, von Grund auf umkrempeln, obwohl die Masse sich nur ein ganz klein wenig ändert. Insofern hat die Philosophie, haben die Ideen, die hinter den Gesetzen stehen, etwas ganz Merkwürdiges an sich: Selbst eine winzige Veränderung macht gelegentlich einen grundlegenden Wandel unserer Vorstellungen erforderlich.

Also, was sollen wir als erstes lehren? Sollen wir mit den *korrekten,* dafür aber nicht vertrauten Gesetzen mitsamt den seltsamen, nur schwer zu begreifenden Ideen, die dahinterstehen, beginnen, beispielsweise mit der Relativitätstheorie, dem vierdimensionalen Raum-Zeit-Begriff und so weiter? Oder sollen wir Ihnen als erstes das einfache Gesetz der »konstanten Masse« beibringen, das zwar nur eine Näherung darstellt, bei dem aber keine derart komplizierten Vorstellungen ins Spiel kommen? Ersteres ist aufregender, es ist wunderschön und macht mehr Spaß, das andere ist anfangs leichter zu verstehen und bedeutet zumindest einen ersten Schritt zu einem wirklichen Verständnis dieser Ideen. Vor dieser Frage stehen wir im Physikunterricht immer wieder. Und wir werden sie zu unterschiedlichen Zeitpunkten unterschiedlich beantworten müssen. Doch in jeder Phase ist es der Mühe wert herauszubekommen, was man derzeit weiß, wie genau dieses Wissen ist, wie es zu allem anderen paßt und wie es sich möglicherweise verändert, sobald wir etwas dazulernen.

Machen wir jetzt mit unserer Übersichts- oder Generalkarte für unser Verständnis der heutigen Naturwissenschaft (insbesondere der Physik, aber auch anderer Wissenschaften, die am Rande damit zu tun haben) weiter. Nur so haben wir später, wenn wir einen speziellen Punkt herausgreifen, eine gewisse Vorstellung davon, warum genau dieser Punkt interessant ist und wie er sich in das Gesamtbild einfügt. Alsdann: *Was für eine Vorstellung machen wir uns von dieser Welt?*

Materie besteht aus Atomen

Wenn durch eine Katastrophe sämtliche wissenschaftlichen Erkenntnisse vernichtet würden und der nächsten Generation nur ein einziger Lehrsatz bliebe, welcher Satz könnte in wenigen Worten die meisten Informationen vermitteln? Ich glaube, das wäre die *Atomhypothese* (oder das Atomgesetz oder wie auch immer Sie es nennen wollen): *Alles besteht aus Atomen – kleinen Teilchen, die sich fortwährend bewegen, einander anziehen, wenn sie nur ein wenig voneinander entfernt sind, sich jedoch abstoßen, wenn man sie zu dicht zusammendrängt.* Dieser eine Satz enthält, wie Sie sehen werden, eine *ungeheure* Menge Aussagen über die Welt, sofern man nur ein bißchen Vorstellungskraft und Nachdenken darauf verwendet.

Um die Aussagekraft der Atomhypothese zu veranschaulichen, wollen wir einmal annehmen, wir hätten einen Wassertropfen mit einer Seitenlänge von jeweils 6 Millimetern vor uns. Wenn wir ganz genau hinschauen, sehen wir nichts als Wasser – geschmeidiges, gleichförmiges Wasser. Selbst wenn wir den Tropfen mit dem besten derzeit verfügbaren optischen Mikroskop auf etwa das Zweitausendfache vergrößern – dann hat der Wassertropfen eine Kantenlänge von jeweils 12 Metern, ist also ungefähr so groß wie ein geräumiges Zimmer – und wiederum ganz genau hinschauen, sehen wir *immer noch* nichts weiter als relativ glattes Wasser; allerdings schwimmen an einigen Stellen kleine, kugelförmige Dinger hin und her. Höchst interessant. Es handelt sich um Pantoffeltierchen. Vielleicht halten Sie jetzt einfach inne, weil sie neugierig geworden sind, was es mit diesen Wesen mit ihren zuckenden Wimpern (Zilien) und sich dahinschlängelnden Körpern wohl auf sich hat, und vergrößern sie, um in sie hineinsehen zu können. Dieses Thema gehört natürlich im Grunde genommen in die Biologie, deshalb fahren wir jetzt erst einmal fort, schauen uns die Materie Wasser noch einmal genauer an und vergrößern den Tropfen erneut um das Zweitausendfache. Jetzt hat er eine Seitenlänge von ungefähr 24 Kilometern, und wenn wir ganz genau hingucken, sehen wir eine Art Gewimmel, keine geschmeidige Substanz mehr – ein wenig gleicht es den Zuschauermassen in einem Fußballstadion, wenn man sie aus sehr großer Entfernung betrachtet. Um zu sehen, was es mit diesem Gewusel auf sich hat, vergrößern wir das Ganze wieder, diesmal zweihundertfünfzigmal. Und jetzt erblicken wir ungefähr so etwas wie das in Abbildung 1.1 dargestellte. Es handelt sich um ein Bild von Wasser, das eine Milliarde mal vergrößert, allerdings in mancher Hinsicht idealisiert ist. Erstens sind die Teilchen vereinfacht, nämlich klar umrissen gezeichnet – in Wirklichkeit sehen sie nicht so aus. Zweitens haben wir sie der Einfachheit halber nahezu schematisch, in nur zwei Dimensionen, angeordnet, aber sie schwirren natürlich in drei Dimensionen umher. Beachten Sie, daß wir zweierlei »Kleckse« oder Kreise vor uns haben, die für die Sauerstoffatome (schwarz) beziehungsweise die Wasserstoffatome (weiß) stehen; außerdem sind an jedes Sauerstoff- zwei Wasserstoffatome gebunden. (Jedes einzelne, aus einem Sauerstoff- und den zwei angehängten Wasserstoffatomen bestehende Grüppchen bezeichnet man als Molekül.) Darüber hinaus ist das Bild insofern schematisiert, als in der Natur die Teilchen fortwährend hin und her hüpfen und springen, sich um sich selbst und umeinander drehen. Sie müssen sich also statt eines stehendes ein bewegtes Bild vorstellen. Noch etwas läßt sich auf einer Zeichnung nicht anschaulich darstellen: Die Teilchen hängen aneinander – das heißt, sie ziehen einander an, dieses zerrt an jenem und so weiter. Die ganze Gruppe klebt sozusagen zusammen. Andererseits durchdringen die Teilchen einander nicht. Versucht man, zwei von ihnen zu dicht zusammenzupressen, stoßen sie einander ab.

Die Atome haben einen Durchmesser von 1 bis 2×10^{-8} Zentimetern. 10^{-8} Zentimeter bezeichnet man auch als ein *Ångström* (einfach ein weiterer Name); wir sagen also, sie haben einen Radius von 1 bis 2 Ångström. Noch auf eine andere Weise kann man sich ihre Größe merken: Vergrößert man einen Apfel auf den Erdumfang, dann sind die Atome des Apfels ungefähr genauso groß wie der ursprüngliche Apfel.

Stellen Sie sich jetzt einmal diesen großen Wassertropfen mit all den ruckartig hin und her hopsenden, aneinanderhängenden Teilchen vor, die gemeinsam dahinzockeln. Der Tropfen behält seine Form bei: er fällt nicht auseinander – und zwar aufgrund der Anziehung, die die einzelnen Moleküle aufeinander ausüben. Legen wir den Wassertropfen auf eine schiefe Ebene, auf der er von einer Stelle zu einer anderen rollt, fließt das Wasser, doch es verschwindet nicht – Dinge fliegen nicht einfach auseinander –, eben wegen der molekularen Anziehung. Die ruckartigen Bewegungen bezeichnen wir als *Wärme:* erhöhen wir die Temperatur, nimmt die Bewegung zu. Erhitzen wir das Wasser weiter, hüpfen die Teilchen immer schneller hin und her, und der Zwischenraum von einem Atom zum anderen wird größer; erhitzen wir das Wasser immer stärker, erreichen wir schließlich einen Punkt, an dem die Anziehungskraft zwischen den Molekülen nicht mehr ausreicht, um sie zusammenzuhalten, und dann fliegen sie in der Tat auseinander, lösen sich voneinander. Dabei handelt es sich natürlich um nichts anderes als die Erzeugung von Dampf aus Wasser – die Teilchen fliegen infolge der schnelleren Bewegung auseinander.

Abbildung 1.2 zeigt Dampf. In einer Hinsicht ist dieses Bild fehlerhaft: Bei normalem atmosphärischem Druck befinden sich allenfalls nur einige wenige Moleküle in einem ganzen Raum, jedenfalls mit Sicherheit nicht so viele wie auf diesem Bild. In den

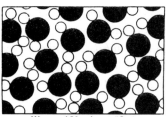

Wasser, 10⁹mal vergrößert

Abb. 1.1

meisten Fällen enthielte ein solches Quadrat kein einziges Molekül – doch zufällig haben wir auf unserem Bild zweieinhalb oder drei (damit die Fläche nicht ganz weiß bleibt). Bei Dampf können wir die charakteristischen Moleküle weit besser erkennen als bei Wasser. Der Einfachheit halber sind die Moleküle in einem Winkel von 120° zueinander dargestellt. In Wirklichkeit mißt dieser Winkel 105°3′, und der Abstand zwischen dem Kern eines Wasserstoff- und dem eines Sauerstoffatoms beträgt 0,957 Å. Wir wissen also über dieses Molekül recht gut Bescheid.

Und jetzt betrachten wir einmal einige Eigenschaften von Wasserdampf oder irgendeinem anderen Gas. Die voneinander getrennten Moleküle prallen gegen die Wände. Stellen Sie sich ein Zimmer vor, in dem sich eine bestimmte Anzahl Tennisbälle befindet (ungefähr hundert), die fortwährend umherhüpfen. Wenn sie die Wand regelrecht bombardieren, wird diese weggeschoben. (Und wir müßten sie natürlich wieder zurückschieben.) Das be-

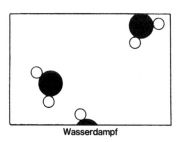

Wasserdampf

Abb. 1.2

deutet, das Gas übt eine pochende Kraft aus, die unsere groben Sinne (schließlich sind wir nicht um das Milliardenfache vergrößert) nur als *durchschnittliche Schubkraft* wahrnehmen. Um ein Gas einzuschließen, müssen wir einen Druck ausüben. Abbildung 1.3 zeigt eines der (in allen Lehrbüchern abgebildeten) Gefäße zum Einfangen von Gasen: einen Zylinder mit einem Kolben. Es spielt nun keine Rolle, welche Form die Wassermoleküle haben, wir stellen sie also der Einfachheit halber als Tennisbälle oder kleine Punkte dar. Diese bewegen sich ständig in alle Richtungen. Dabei treffen die ganze Zeit über so viele auf die Kolbenfläche, daß wir diesen, damit er nicht allmählich aus dem Behälter herausgestoßen wird, mit einer bestimmten Kraft nach unten drücken müssen. Diese Kraft bezeichnen wir als *Druck* (wenn Sie es genau wissen wollen: Druck mal Fläche entspricht dieser Kraft). Die Kraft ist also eindeutig der Kolbenfläche proportional, denn wenn wir diese vergrößern, die Anzahl der Moleküle pro Kubikzentimeter jedoch gleichbleibt, nimmt die Zahl der Zusammenstöße mit der Kolbenfläche im gleichen Verhältnis zu, wie die Fläche vergrößert wurde.

Jetzt stecken wir doppelt so viele Moleküle in den Behälter und verdoppeln damit die Dichte; die Moleküle lassen wir die gleiche Geschwindigkeit, das heißt die gleiche Temperatur beibehalten. Nun verdoppelt die Zahl der Kollisionen sich annähernd, und da jedes Atom nach dem Aufprall genauso schwungvoll oder »energiegeladen« ist wie vorher, ist der Druck der Dichte proportional.

Abb. 1.3

Ziehen wir die wahre Natur der zwischen den Atomen wirkenden Kräfte in Betracht, müßten wir aufgrund der Anziehungskraft zwischen den Atomen eigentlich mit einer geringfügigen Verringerung des Drucks und infolge des endlichen Raums, den sie einnehmen, mit einer leichten Zunahme rechnen. Dennoch bleibt, in sehr guter Näherung, *der Druck der Dichte proportional*, solange die Dichte so gering ist, daß nicht allzu viele Atome vorhanden sind.

Noch etwas: Wenn wir die Temperatur erhöhen, ohne die Dichte des Gases zu verändern, das heißt, wenn wir die Geschwindigkeit der Atome steigern, was passiert dann mit dem Druck? Na ja, die Atome prallen heftiger auf, da sie sich schneller bewegen; zudem kommt es öfter zu solchen Kollisionen, folglich nimmt der Druck zu. Sie sehen, die Atomtheorie ist eigentlich recht einfach.

Betrachten wir nun einmal eine andere Situation. Angenommen, der Kolben wird nach unten gedrückt, so daß die Atome langsam auf kleinerem Raum zusammengedrängt werden. Was geschieht, wenn ein Atom auf die Kolbenfläche trifft, die sich bewegt? Offensichtlich nimmt seine Energie durch den Zusammenprall zu. Probieren Sie das einfach so aus: Wenn Sie einen Tischtennisball mit einem Schläger nach vorne wegschleudern, bewegt er sich mit größerer Geschwindigkeit als der des Aufschlags. (Ein Sonderbeispiel: Wenn ein Atom zufällig stillhält und der Kolben es trifft, wird es sich mit Sicherheit bewegen.) Nach dem Abprall vom Kolben sind die Atome also »wärmer« als vorher. Folglich nimmt die Geschwindigkeit aller Atome in dem Behälter zu. Das bedeutet: *Wenn wir ein Gas langsam komprimieren, steigt seine Temperatur.* Bei langsamer *Verdichtung* nimmt die Temperatur eines Gases *zu*, bei langsamer *Ausdehnung* nimmt sie *ab*.

Wenden wir uns wieder unserem Wassertropfen zu und betrachten wir ihn unter einem anderen Blickwinkel. Angenommen, wir kühlen ihn ab. Nehmen wir weiterhin an, die Moleküle, die aus den Atomen im Wasser bestehen, hüpfen immer langsamer herum. Wie wir wissen, wirken zwischen den Atomen Anziehungskräfte; nach einer Weile können sie also nicht mehr so wild herumhopsen. Abbildung 1.4 zeigt, was bei sehr niedrigen Temperaturen passiert: Die Moleküle ordnen sich zu einem neuen Muster an, nämlich *Eis*. Diese spezielle schematische Darstellung von Eis ist falsch, da nur zweidimensional, doch hinsichtlich der Beschaffenheit von Eis stimmt sie. Interessant ist nun, daß in dieser Substanz *jedes Atom einen bestimmten, festgelegten Platz hat,* und es leuchtet ein, wenn wir irgendwie alle Atome am Ende des Tropfens, die auf bestimmte Weise positioniert sind, festhalten, dann nimmt auch das andere Ende, das (in unserem vergrößerten Maßstab) meilenweit entfernt ist, aufgrund der starren Struktur der Zwischenbindungen einen bestimmten Platz ein. Wenn wir also einen Eiszapfen an einem Ende festhalten, läßt sich das andere Ende nicht zur Seite biegen, ganz anders als im Fall von Wasser: Hier bricht die Struktur infolge des verstärkten Herumhüpfens in sich zusammen, und sämtliche Atome schwirren in allen möglichen Richtungen durcheinander. Zwischen Festkörpern und Flüssigkeiten besteht also folgender Unterschied: In einem Festkörper sind die Atome auf bestimmte, festgelegte Weise angeordnet – man bezeichnete dies als *kristalline Struktur* – und nehmen selbst über große Strecken hinweg keine zufälligen Positionen ein; der Platz der Atome auf der einen Seite des Kristalls hängt von der Anordnung der Atome auf der anderen Seite, die um Millionen Atomabstände entfernt sind, ab. Abbildung 1.4 ist eine erfundene Anordnung. Obwohl sie viele Eigenschaften von Eis korrekt wiedergibt, entspricht sie nicht der Wirklichkeit. Eine dieser Eigenschaften ist der sechseckige Teilbereich der Symmetrie: Wenn wir die Darstellung um eine Achse von 120° drehen, haben wir wieder dasselbe Bild vor uns. Eis ist also *symmetrisch* strukturiert; aus diesem Grund sehen Schneeflocken sechseckig aus. Noch etwas läßt sich an Abbildung 1.4 ablesen: warum Eis beim Schmelzen schrumpft. Das spezielle Kristallmuster von Eis, wie es hier dargestellt ist, hat – wie die tatsächliche Struktur von Eis auch – viele »Löcher«. Löst diese Anordnung sich auf, können

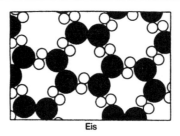

Eis

Abb. 1.4

Moleküle in diese Löcher schlüpfen. Die meisten einfachen Substanzen, mit Ausnahme von Wasser und Letternmetall*, dehnen
sich beim Schmelzen aus, da die Atome in dem festen Kristall
dicht zusammengedrängt sind und beim Schmelzen mehr Platz
brauchen, um herumzuhopsen; eine offene Struktur wie Wasser
bricht jedoch in sich zusammen.

Trotz seiner »starren« kristallinen Form kann die Temperatur
von Eis sich ändern – Eis verfügt über Wärme. Und wenn uns
danach zumute ist, können wir die Wärmemenge ändern. Was bedeutet Wärme im Fall von Eis? Die Atome stehen nicht still. Sie
hüpfen umher und schwingen. Trotz der festgelegten Anordnung
der Atome im Kristall – seiner definitiven Struktur – schwingen
alle Atome »auf der Stelle«. Erhöhen wir die Temperatur, dann
schwingen sie mit immer größerer Amplitude so lange, bis sie sich
losreißen. Und das nennen wir *schmelzen*. Senken wir die Temperatur, werden auch die Schwingungen immer geringer, bis die
Atome am absoluten Nullpunkt nur noch eine minimale Schwin-
gung haben, die jedoch *nie gleich null* ist. Dieses Mindestmaß
an Bewegung bei Atomen reicht nicht aus, eine Substanz zum
Schmelzen zu bringen – mit einer Ausnahme: Helium. In diesem
verringern sich die Bewegungen der Atome soweit wie möglich,
doch selbst am absoluten Nullpunkt sind sie noch stark genug,

---

* Eine Blei-Zinn-Antimon-Legierung zur Herstellung von Lettern (Anm.
  d. Ü.)

daß das Helium nicht einfriert. Helium gefriert nicht einmal am absoluten Nullpunkt, außer man übt einen ungemein starken Druck aus, um die Atome zusammenzupressen. In diesem Fall, wenn wir den Druck erhöhen, *kann* Helium erstarren.

Atomare Prozesse

Soviel zur Beschreibung von Festkörpern, Flüssigkeiten und Gasen vom atomaren Standpunkt aus. Anhand der Atomhypothese lassen sich jedoch auch *Prozesse* erklären; wir wollen uns daher eine Reihe solcher Abläufe unter atomarem Gesichtspunkt ansehen. Der erste Prozeß, den wir genauer untersuchen, hängt mit der Oberfläche von Wasser zusammen. Was geschieht auf ihr? Nun machen wir das Ganze etwas komplizierter – und damit wirklichkeitsgetreuer – und stellen uns vor, diese Wasseroberfläche ist der Luft ausgesetzt (siehe Abbildung 1.5). Wie wir sehen, bilden die Moleküle, genauso wie im vorherigen Fall, eine Masse flüssigen Wassers, doch nun sehen wir auch dessen Oberfläche. Über ihr bemerken wir so einiges, und zwar als allererstes Wassermoleküle, wie in Dampf. Es handelt sich dabei um *Wasserdampf,* der sich immer über Wasser ansammelt. (Zwischen Wasserdampf und Wasser besteht ein Gleichgewicht, doch darauf werden wir an späterer Stelle eingehen). Darüber hinaus sehen wir noch etliche andere Moleküle – hier zwei zusammenhängende Sauerstoffatome, die so ein gesondertes *Sauerstoffmolekül* bilden, dort zwei Stickstoffatome, die ebenfalls aneinanderhaften und ein Stickstoffmolekül ergeben. Luft setzt sich fast ausschließlich aus Stickstoff, Sauerstoff, etwas Wasserdampf, geringeren Mengen Kohlendioxid, Argon sowie einigem anderen zusammen. Über dem Wasser haben wir also Luft, ein Gas, das ein wenig Wasserdampf enthält. Was geschieht jetzt auf der Abbildung? Die Moleküle im Wasser hüpfen fortwährend herum. Von Zeit zu Zeit wird eines nahe der Oberfläche ein wenig härter als sonst getroffen und abgestoßen. Auf dem Bild ist das kaum zu erkennen, da es sich um eine *statische* Darstellung handelt. Doch wir können uns vorstellen, wie das eine oder andere Molekül nahe der Oberfläche gerade angestoßen wurde und wegfliegt. Und so verschwindet das Wasser allmählich, ein Molekül nach dem anderen – es verdunstet. *Schließen* wir den Wasserbehälter jedoch, dann finden wir nach einer Weile eine Menge Wassermoleküle mitten unter den Luftmolekülen. Von Zeit zu Zeit fliegt eines dieser Dampfmoleküle wieder zum Wasser hinunter und wird erneut aufgenommen. Wir stellen also fest, was wie etwas Totes, Uninteressantes aussieht – ein Glas Wasser mit einem Deckel obenauf, das möglicherweise seit zwanzig Jahren dasteht –, birgt in Wirklichkeit ein dynamisches, interessantes, fortwährend ablaufendes Phänomen. In unseren Augen, unseren unempfindlichen Augen, ändert sich gar nichts, doch wenn wir das Ganze um das Milliardenfache vergrößert sehen könnten, würden wir feststellen, aus seiner Sicht ändert es sich ständig: Moleküle steigen aus dem Wasser auf, Moleküle tauchen wieder hinein.

Doch warum sehen *wir keine Veränderung?* Weil genauso viele Moleküle wegfliegen wie zurückkommen! Auf lange Sicht also »geschieht nichts«. Wenn wir den Deckel abnehmen, den Großteil der feuchten Luft wegblasen und durch trockene Luft ersetzen, fliegen, bedingt durch das Herumhüpfen der Wassermoleküle, genauso viele Moleküle weg wie vorher, doch nun kommen

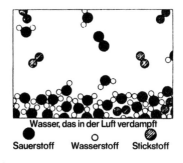

Wasser, das in der Luft verdampft

●   ○   ◉

Sauerstoff   **Wasserstoff**   **Stickstoff**

Abb. 1.5

weit weniger ins Wasser zurück, weil sich über der Wasseroberfläche sehr viel weniger Wassermoleküle befinden. Daher steigen
mehr aus dem Wasser auf als zurückkehren; folglich verdunstet
das Wasser. Wenn Sie also Wasser verdunsten lassen wollen, dann
schalten Sie den Ventilator ein!

Noch etwas: Welche Moleküle fliegen weg? Wenn ein Molekül
sich aus dem Wasser löst, dann liegt dies an einer zufälligen
zusätzlichen Ansammlung von etwas mehr Energie; und genau
diese braucht es, wenn es sich von seinen benachbarten Molekülen, die eine bestimmte Anziehungskraft auf es ausüben,
losreißen will. Daher verfügen jene, die wegfliegen, über *mehr*
Energie als die anderen; die zurückbleiben, bewegen sich nun im
Durchschnitt *weniger* als zuvor. Beim Verdunsten *kühlt* das Wasser
also allmählich *ab*. Wenn ein Dampfmolekül aus der Luft zur Wasseroberfläche zurückkommt, wird, sobald das Molekül sich der
Wasseroberfläche nähert, natürlich schlagartig eine große Anziehungskraft wirksam. Dadurch wird das ankommende Molekül
beschleunigt, folglich wird Wärme erzeugt. Wenn sie aus dem
Wasser wegfliegen, ziehen sie also Wärme ab; kommen sie zurück,
erzeugen sie Wärme. Findet keine Nettoverdunstung statt, ist das
Ergebnis natürlich gleich null; die Temperatur des Wassers bleibt
gleich. Blasen wir auf das Wasser, so daß ständig mehr Moleküle
verdunsten, dann wird es kühler. Darum: Blasen Sie die Suppe,
damit sie abkühlt!

Natürlich muß Ihnen bei alldem klar sein, die eben beschriebenen Prozesse sind weit komplizierter, als wir angedeutet haben. Denn nicht nur steigt Wasser in die Luft auf – hin und wieder geht auch eines der Sauerstoff- oder Stickstoffmoleküle, die
zurückkommen, in der Masse der Wassermoleküle »verloren«
und bahnt sich einen Weg in das Wasser hinein. Auf diese Weise
wird Luft in Wasser gelöst; Sauerstoff- und Stickstoffmoleküle
arbeiten sich in das Wasser vor; anschließend enthält das Wasser
Luft. Nehmen wir dann unvermittelt die Luft weg, verlassen die
Luftmoleküle das Wasser schneller, als andere in es eindringen;

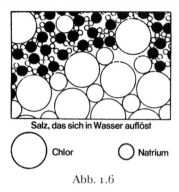

Salz, das sich in Wasser auflöst

◯ Chlor   ◯ Natrium

Abb. 1.6

so entstehen Blasen. Wie Sie vielleicht wissen, ist dies für Taucher sehr gefährlich.

Gehen wir zu einem anderen Prozeß weiter. Abbildung 1.6 zeigt, wiederum vom atomaren Standpunkt aus, wie ein Festkörper sich in Wasser auflöst. Was passiert, wenn wir ein Salzkristall ins Wasser werfen? Salz ist ein Feststoff, ein Kristall, eine regelmäßige Anordnung von »Salzatomen«. Abb. 1.7 zeigt die dreidimensionale Struktur von gewöhnlichem Salz, Natriumchlorid. Genaugenommen besteht der Kristall nicht aus Atomen, sondern aus sogenannten *Ionen*. Ein Ion ist ein Atom, das entweder über einige zusätzliche Elektronen verfügt oder aber einige verloren hat. In einem Salzkristall finden wir Chlorionen (Chloratome mit einem zusätzlichen Elektron) und Natriumionen (Sodiumatome, denen ein Elektron abgeht). Aufgrund der elektrischen Anziehungskraft haften die Ionen im festen Salz alle aneinander; sobald wir sie jedoch ins Wasser werfen, stellen wir fest, daß einige Ionen sich losreißen, da der negative Sauerstoff und der positive Wasserstoff eine Anziehungskraft auf die Ionen ausüben. Auf Abbildung 1.6 sehen wir, wie ein Chlorion sich löst und andere Atome in Form von Ionen im Wasser schwimmen. Dieses Bild wurde recht sorgfältig gezeichnet. Beachten Sie beispielsweise, daß die Wasserstoffenden der Wassermoleküle sich eher in der Nähe des Chlorions feststellen lassen, während wir die Natriumionen häufiger beim Sauerstoffende finden. Der Grund dafür: Natrium ist positiv, und das Sauerstoffende des Wassers ist negativ, folglich ziehen sie einander elektrisch an. Können wir aus der Abbildung ersehen, ob das Salz sich in Wasser *auflöst* oder sich aus Wasser *herauskristallisiert*? Das können wir natürlich nicht, denn einige Atome verschwinden zwar aus dem Kristall, doch dafür schließen andere sich ihm an. Es handelt sich um einen *dynamischen* Vorgang – wie im Fall der Verdunstung auch –, der davon abhängt, ob im Wasser mehr oder weniger Salz vorhanden ist, als zur Herstellung eines Gleichgewichts nötig ist. Unter Gleichgewicht verstehen wir, daß die Menge der abwandernden Atome der der zurückkommenden genau entspricht. Enthält Wasser fast kein Salz, verschwinden mehr Atome, als zurückkommen, und das Salz löst sich auf. Sind hingegen zu viele »Salzatome« vorhanden, kehren mehr zurück als abwandern, und das Salz kristallisiert aus.

Ganz nebenbei: Der Begriff *Molekül* einer Substanz ist lediglich eine Näherung und gilt nur für eine bestimmte Kategorie von Materie. Daß im Wasser die jeweils drei Atome wirklich zusammenhängen, ist klar. Nicht so eindeutig ist dies im Fall von Natriumchlorid in festem Zustand. Wir haben lediglich eine Ansammlung

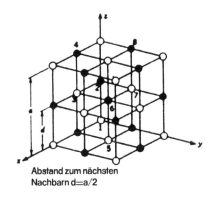

Kristall	●	○	$a(Å)$
Steinsalz	Na	Cl	5.64
Sylvin	K	Cl	6.28
	Ag	Cl	5.54
	Mg	O	4.20
Galenit	Pb	S	5.97
	Pb	Se	6.14
	Pb	Te	6.34

Abstand zum nächsten
Nachbarn $d = a/2$

Abb. 1.7

von Natrium- und Chlorionen, die in einem dreidimensonalen Raster angeordnet sind. Eine in der Natur vorkommende Gruppierung als »Salzmolekül« gibt es nicht.

Kehren wir zu unserer Erörterung von Lösung und Ausfällung zurück. Wenn wir die Salzlösung erwärmen, nimmt die Zahl der Atome, die losbrechen, zu. Das gleiche gilt für die zurückkehrenden Atome. Im allgemeinen erweist es sich als äußerst schwierig vorherzusagen, was genau passieren wird – ob der Festkörper sich in höherem oder aber geringerem Maße auflöst. Bei steigender Temperatur lösen sich die meisten Substanzen mehr, andere jedoch weniger auf.

Chemische Reaktionen

Bei allen bisher beschriebenen Prozessen haben die Atome wie auch die Ionen ihre jeweiligen Partner nicht gewechselt. Doch natürlich ergeben sich Situationen, in denen die Atomkombinationen sich ändern und sich neue Moleküle bilden. Abbildung 1.8 verdeutlicht dies. Einen solchen Prozeß, bei dem die atomaren Partner sich neu gruppieren, bezeichnen wir als *chemische Reaktion*. Die anderen bislang beschriebenen Prozesse nennt man physikalische; allerdings lassen sich die beiden nicht streng voneinander trennen. (Der Natur ist es egal, wie wir derlei nennen, sie geht einfach weiter ihres Wegs.) Die Abbildung zeigt Kohlenstoff, der in Sauerstoff verbrennt. Im Fall des Sauerstoffs sind *zwei* Sauerstoffatome sehr fest aneinandergebunden (warum nicht drei oder vier? Das ist eine der äußerst merkwürdigen Eigenschaften derartiger atomarer Prozesse. Atome sind sehr eigen: Sie mögen ganz bestimmte Partner, bevorzugen bestimmte Richtungen und so weiter. Aufgabe der Physik ist es zu analysieren, warum ein jedes genau das und nichts anderes will. Jedenfalls, zwei Sauerstoffatome bilden ein Molekül, das glücklich und zufrieden ist.)

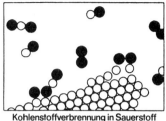

Kohlenstoffverbrennung in Sauerstoff

Abb. 1.8

Nehmen wir einmal an, die Kohlenstoffatome befinden sich in einem festen Kristall (etwa Graphit oder Diamant*). Nun kann beispielsweise eines der Sauerstoffatome zu dem Kohlenstoff überwechseln; jedes Atom kann ein Kohlenstoffatom aufklauben und als neue Kombination – »Kohlenstoff-Sauerstoff« – abspringen; dieses Gasmolekül bezeichnet man als Kohlenmonoxid. Die chemische Bezeichnung lautet CO. Es ist ganz einfach: die Buchstaben CO sind praktisch ein Abbild dieses Moleküls. Allerdings zieht Kohlenstoff weit eher Sauerstoff an, als daß Sauerstoff wiederum Sauerstoff oder Kohlenstoff seinerseits Kohlenstoff anzieht. Daher kommt bei diesem Prozeß der Sauerstoff unter Umständen nur mit sehr wenig Energie an, doch er prallt mit ungeheurer Heftigkeit und Wucht auf den Kohlenstoff, und alles in ihrer Nähe fängt ein wenig von dieser Energie ein. Auf diese Weise wird eine große Menge Bewegungsenergie, auch kinetische Energie genannt, erzeugt. Hierbei handelt es sich natürlich um eine *Verbrennung*; bei der Vereinigung von Sauerstoff und Wasserstoff entsteht *Wärme*. Normalerweise tritt Wärme in Form der Molekularbewegung des heißen Gases auf, unter bestimmten Umständen kann sie jedoch so groß werden, daß sie Licht erzeugt. Dann haben wir *Flammen*.

Trotzdem ist das Kohlenstoffmonoxid immer noch nicht so ganz zufrieden. Es kann durchaus ein weiteres Sauerstoffatom an sich binden; dann läuft eine weit kompliziertere Reaktion ab, bei

---

* Man kann in der Tat Diamanten in Luft verbrennen.

der der Sauerstoff sich mit dem Kohlenstoff verbindet und gleichzeitig mit einem Kohlenmonoxidmolekül zusammenprallt. Bindet sich nun ein Sauerstoffatom an das CO, so entsteht schließlich ein Molekül, das aus einem Kohlenstoff- und zwei Sauerstoffatomen besteht. Es wird als CO_2 dargestellt und Kohlendioxid genannt. Verbrennen wir in einer sehr schnell ablaufenden Reaktion den Kohlenstoff mit sehr wenig Sauerstoff (beispielsweise in einem Automotor, in dem die Explosion so rasch erfolgt, daß gar keine Zeit bleibt, um Kohlendioxid zu bilden), entsteht eine beträchtliche Menge Kohlenmonoxid. Bei zahlreichen derartigen Umgruppierungen wird eine große Menge Energie freigesetzt, die je nach Art der Reaktion Explosionen auslöst, Flammen bildet und so weiter. Chemiker haben diese Anordnungen der Atome untersucht und festgestellt, jede Substanz ist irgendeine Form einer *Gruppierung von Atomen.*

Lassen Sie uns, um dies zu veranschaulichen, ein anderes Beispiel betrachten. Betreten wir ein Veilchenbeet, dann erkennen wir »diesen Duft«. Es handelt sich um eine Art *Molekül* – oder eine Anordnung von Atomen –, das den Weg in unsere Nase gefunden hat. Doch *wie* hat es das geschafft? Das ist ziemlich einfach. Handelt es sich bei dem Duft um eine Art von Molekül, das in der Luft herumtanzt und in alle möglichen Richtungen gestoßen wird, könnte es uns *zufällig* in die Nase geraten sein. Jedenfalls hat es bestimmt kein besonderes Bedürfnis danach, ausgerechnet dorthin zu gelangen. Es ist nichts weiter als ein hilfloses Teilchen in einer sich drängelnden Masse von Molekülen, und auf seinen ziellosen Wanderungen ist dieses spezielle Stückchen Materie eben zufällig in unserer Nase gelandet.

Chemiker können spezielle Moleküle wie Veilchenduft analysieren und genau sagen, wie die Anordnung der Atome im Raum aussieht. Wir wissen, das Kohlendioxidmolekül ist gerade und symmetrisch: O–C–O. (Übrigens kann man dies ziemlich leicht auch mittels physikalischer Methoden feststellen.) Selbst für die weit komplizierteren Atomgruppierungen, die die Chemie kennt,

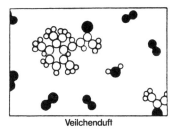

Veilchenduft

Abb. 1.9

läßt sich mittels langwieriger, bemerkenswerter Nachforschungen, die einigen detektivischen Spürsinn erfordern, die Anordnung der Atome herausfinden. Abbildung 1.9 ist eine Darstellung der Luft in der Nähe eines Veilchens; wiederum finden wir dort Stickstoff, Sauerstoff und Wasserdampf. (Warum Wasserdampf? Weil des Veilchen *feucht* ist. Alle Pflanzen transpirieren.) Allerdings bemerken wir auch ein regelrechtes Ungetüm, das sich aus Kohlenstoff-, Wasserstoff- und Sauerstoffatomen zusammensetzt, die sich ein besonderes Anordnungsmuster ausgesucht haben. Wir haben es hier mit einer komplexeren Gruppierung zu tun als bei Kohlendioxid, mit einer ungeheuer komplizierten sogar. Leider können wir bildlich nicht darstellen, was alles man über seine chemischen Eigenschaften weiß, da man die genaue Anordnung all dieser Atome nur in drei Dimensionen kennt – unsere Abbildung hat jedoch lediglich zwei. Die sechs Kohlenstoffatome bilden einen Ring, der nicht flach, sondern irgendwie »gekräuselt« ist. Alle Winkel und Abstände sind bekannt. Eine chemische *Formel* ist daher lediglich das Abbild eines solchen Moleküls. Wenn der Chemiker derlei an die Tafel schreibt, versucht er, grob gesagt, in zwei Dimensionen zu »zeichnen«. Beispielsweise sehen wir einen »Ring« aus sechs Kohlenstoffatomen sowie eine »Kette« aus Kohlenstoffatomen, die an dem einen Ende hängt; an vorletzter Stelle befindet sich ein Sauerstoffatom, an dem drei Wasserstoffatome hängen; dort stehen zwei Kohlenstoff- und drei Wasserstoffatome nach oben und so weiter.

Auf welche Weise finden Chemiker heraus, wie diese Anordnung aussieht? Sie mischen Fläschchen mit allem möglichen Zeug zusammen – wird die Mischung rot, bedeutet dies, sie besteht aus einem Wasserstoff- und zwei angehängten Kohlenstoffatomen; wird sie jedoch blau, dann sieht die Sache ganz anders aus. Es handelt sich hier um ein Beispiel einer der phantastischsten Detektivarbeiten, die je geleistet wurden – um organische Chemie. Um die Anordnung der Atome in diesen ungemein komplizierten Gruppierungen herauszufinden, beobachten Chemiker, was passiert, wenn sie zwei verschiedene Substanzen mischen. Die Physiker konnten nie so recht glauben, daß die Chemiker wußten, was sie sagten, wenn sie Atomgruppierungen beschrieben. Seit etwa zwanzig Jahren kann man in einigen Fällen mit Hilfe eines physikalischen Verfahrens solche Moleküle betrachten (die nicht ganz so kompliziert sind wie dieses; ein paar davon schließen jedoch einige Teile davon ein); und zwar wurde es möglich, jedes einzelne Atom zu lokalisieren, nicht indem man sich die Farbe ansah, sondern indem man *mittels Messungen feststellte, wo sie sich befinden.* Und siehe da – die Chemiker hatten fast immer recht gehabt!

Tatsächlich stellt sich heraus, im Duft von Veilchen befinden sich drei geringfügig voneinander verschiedene Moleküle, die sich lediglich hinsichtlich der Anordnung der Wasserstoffatome unterscheiden.

Ein Problem in der Chemie ist es, Substanzen zu benennen, damit wir wissen, was wir vor uns haben. Finden Sie mal einen Namen für diese Form! Die Bezeichnung muß nicht nur die Gestalt angeben, die das Ganze hat, sondern auch zum Ausdruck bringen, daß sich hier ein Sauerstoff-, dort ein Wasserstoffatom befindet – sie muß genau sagen, wo jedes Atom positioniert ist und worum es sich dabei handelt. Nun verstehen wir auch, daß chemische Bezeichnungen so kompliziert sein müssen, um vollständig zu sein. Der Name dieses Moleküls in seiner vollständigen Form sagt Ihnen, wie die Anordnung aussieht: 4-(2, 2, 3, 6 Tetra-

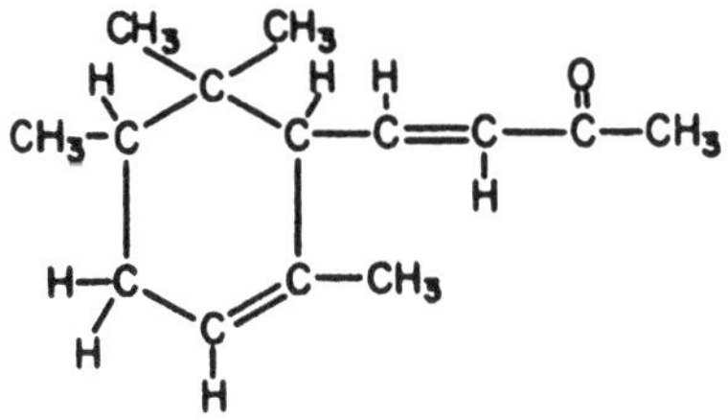

Abb. 1.10: α-Iron

methyl-5-Cyclohexanyl)-3-3-Buten-2-eins. Jetzt können wir uns vorstellen, wie kompliziert die Arbeit der Chemiker ist, und sehen auch ein, warum die Namen so lang sein müssen. Es ist ja nicht so, daß sie besonders geheimnisvoll tun wollen, doch der Versuch, ein Molekül mit Worten zu beschreiben, ist wirklich ungeheuer schwierig.

Woher *wissen* wir, daß es Atome gibt? Dazu bedurfte es eines der bereits erwähnten Tricks: Wir stellen die *Hypothese* auf, es gäbe Atome, und dann kommt ein Ergebnis nach dem anderen heraus, das mit dem übereinstimmt, was wir vorausgesagt haben und was so sein *muß*, wenn Dinge sich tatsächlich aus Atomen zusammensetzen. Es gibt auch etwas unmittelbarere Hinweise; ein gutes Beispiel dafür ist folgendes: Die Atome sind so klein, daß man sie mit einem optischen Mikroskop nicht erkennen kann – ja nicht einmal mit einem *Elektronen*mikroskop! (Mit Lichtmikroskopen sieht man nur Dinge, die viel, viel größer sind.) Wenn sich die Atome ständig bewegen, beispielsweise in Wasser, und wir eine große Kugel, die aus einer x-beliebigen Substanz besteht, in das Wasser werfen, eine Kugel, die sehr viel größer ist als die Atome, dann hüpft die Kugel herum – ungefähr so wie bei Pushball, wo eine Menge Leute einen großen Ball herumschubsen. Die Leute stoßen den Ball in verschiedene Richtungen, und so bewegt er sich unregelmäßig über das Spielfeld. Auf gleiche Weise bewegt sich unsere »große Kugel« aufgrund der Ungleichheit der Zusammenstöße von einem Augenblick zum nächsten von der einen auf die andere Seite. Wenn wir also durch ein hervorragendes Mikroskop winzigste Teilchen (Kolloide) in Wasser betrachten, sehen wir die Teilchen unaufhörlich herumhopsen – eine Folge der Bombardierung durch die Atome. Man bezeichnet dies als die *Brownsche Bewegung.*

Weitere Beweise für die Existenz von Atomen liefert die Struktur von Kristallen. In zahlreichen Fällen stimmen die Strukturen, auf die man mit Hilfe von Röntgenanalysen geschlossen hat, in ihrer räumlichen »Gestalt« mit der Form überein, die in der Natur vorkommende Kristalle tatsächlich aufweisen. Die Winkel zwischen den verschiedenen »Oberflächen« eines Kristalls stimmen auf Bogensekunden genau mit den Winkeln überein, die man aus der Annahme, ein Kristall bestünde aus vielen »Schichten« von Atomen, abgeleitet hat.

Alles besteht aus Atomen. Das ist die Schlüsselhypothese. Die wichtigste Hypothese in der gesamten Biologie beispielsweise lautet: *All das, was Tiere tun, tun die Atome.* Mit anderen Worten: *Alles, was lebende Dinge tun, läßt sich nur unter dem Gesichtspunkt verstehen, daß sie aus Atomen zusammengesetzt sind, die sich gemäß den physikalischen Gesetzen verhalten.* Anfangs wußte man das nicht: Es bedurfte einigen Experimentierens und Theoretisierens, um auf diese Hypothese zu kommen, doch mittlerweile ist sie allgemein anerkannt und die nützlichste Theorie, um auf dem Gebiet der Biologie neue Ideen zu entwickeln.

Wenn eine Stahlstange oder ein Salzbrocken, die aus aneinandergereihten Atomen bestehen, derart interessante Eigenschaften aufweist, wenn Wasser – das aus nichts weiter besteht als aus kleinen Tropfen, meilenweit immer das gleiche, auf der ganzen Welt – Wellen und Schaum bilden, rauschen und seltsame Muster bilden kann, sobald es über Mörtel rinnt, wenn all dies, wenn das Leben in einem Strom von Wasser nichts weiter ist als ein Haufen Atome, *wieviel mehr ist dann wohl möglich?* Falls wir die Atome nicht in einem bestimmten Muster, das sich ständig wiederholt, anordnen oder meinetwegen sogar kleine komplexe Klumpen formen, etwa Veilchenduft, sondern uns statt dessen Anordnungen ausdenken, die an verschiedenen Stellen *immer unterschiedlich* sind, so daß verschiedene Arten von Atomen zu höchst unterschiedlichen Mustern angeordnet werden, die sich ständig verändern, sich nicht wiederholen, wieviel wundersamer könnte dann so ein Ding sich wohl verhalten? Ist es möglich, daß dieses »Ding«, das vor Ihnen auf und ab geht, zu Ihnen spricht, eine riesige Ansammlung solcher Atome in äußerst komplizierter Anordnung ist, so daß schon allein diese Kompliziertheit jegliche Vorstellung übersteigt, was es alles machen kann? Wenn wir sagen, wir seien eine Anhäufung von Atomen, meinen wir nicht *nur*: ein Haufen Atome, denn ein Haufen Atome, der sich nicht ständig und bei allen wiederholt, könnte sehr wohl über die Möglichkeiten verfügen, die Sie vor sich im Spiegel sehen.

ZWEI

GRUNDLAGENPHYSIK

Einführung

In diesem Kapitel wollen wir unsere grundlegendsten Vorstellungen über Physik genauer betrachten: das Wesen der Dinge, wie wir sie derzeit sehen. Auf die Geschichte, woher wir wissen, daß alle diese Ideen wahr sind, werden wir nicht eingehen; darüber werden Sie zu gegebener Zeit Näheres erfahren.

Die Dinge, mit denen wir uns in den Naturwissenschaften befassen, präsentieren sich uns in ungemein vielfältiger Erscheinungsform und mit einer schier unübersehbaren Fülle von Eigenschaften. Wenn wir beispielsweise am Ufer stehen und aufs Meer hinausblicken, nehmen wir Wasser, Wogen, die sich brechen, Schaumkronen, ans Ufer schwappende Wellen, Geräusche, die Luft, den Wind und die Wolken, die Sonne und den blauen Himmel, das Licht, Sand und Felsen unterschiedlicher Härte und Dauerhaftigkeit, Farbe und Beschaffenheit wahr. Wir entdecken Tiere und Seetang, Hunger und Krankheit – und den Beobachter am Strand; vielleicht sogar Glück und Denken. An jedem beliebigen Fleck in der Natur findet sich eine ähnliche Vielfalt von Objekten und Effekten – immer und überall, glcichgültig wo, ebenso vielschichtig wie hier. Neugierde treibt uns dazu, Fragen zu stellen, und wir versuchen, Zusammenhänge zu erkennen und diese Vielzahl von Aspekten als mögliche Folge des Wirkens einer relativ kleinen Zahl elementarer Dinge und Kräfte zu verstehen, die in unendlich vielen verschiedenartigen Kombinationen wirksam werden.

Beispielsweise die Frage, ob der Sand anders beschaffen ist als die Felsen. Anders formuliert: Ist Sand vielleicht nichts weiter als eine Unmenge winziger Steinchen? Ist der Mond ein riesiger Felsbrocken? Wenn wir verstehen, was Felsbrocken sind, verstehen wir dann auch Sand und Mond? Ist der Wind eine schwappende Bewegung der Luft, dem Schwappen der Meereswellen vergleichbar? Was haben die verschiedenen Bewegungen miteinander gemein? Was ist verschiedenen Arten von Geräuschen gemeinsam? Wie viele unterschiedliche Farben gibt es? Und so weiter. Auf diese Weise versuchen wir, allmählich all diese Dinge zu analysieren, Dinge, die auf den ersten Blick grundverschieden aussehen, miteinander in Verbindung zu bringen in der Hoffnung, es könnte uns gelingen, die Zahl *unterschiedlicher* Dinge zu *verringern* und sie so besser zu verstehen.

Vor ein paar hundert Jahren entwickelte man ein Verfahren, um derlei Fragen zumindest teilweise zu beantworten. *Beobachtung, Schlußfolgerung und Begründung* sowie *Experimentieren*, all das zusammengenommen macht das aus, was wir die *wissenschaftliche Methode* nennen. Wir werden uns auf die bloße Beschreibung unserer allgemeinen Vorstellung davon beschränken müssen, was gelegentlich als Grundlagenphysik oder Grundprinzipien der Physik bezeichnet wird, die sich aus der Anwendung der wissenschaftlichen Methode ergaben.

Was meinen wir, wenn wir sagen, wir »verstehen« etwas? Stellen wir uns einmal vor, diese vielschichtige Ansammlung sich bewegender Dinge, aus denen »die Welt« besteht, sei so etwas wie ein großes Schachspiel der Götter, und wir beobachteten dieses Spiel. Die Spielregeln kennen wir nicht; wir dürfen lediglich *zusehen.* Wenn wir das lange genug tun, kapieren wir natürlich mit der Zeit ein paar Regeln. Und *diese Spielregeln* sind das, was wir unter *Grundlagenphysik* verstehen. Doch selbst wenn wir alle Regeln kennen würden, wären wir möglicherweise trotzdem nicht in der Lage, diesen oder jenen Schachzug zu begreifen, einfach weil das Spiel zu kompliziert und unsere Auffassungsgabe beschränkt ist. Falls Sie selber Schach spielen, dürfte Ihnen klar sein, all die Regeln zu erlernen ist einfach; trotzdem ist es oft sehr schwer zu wissen, welches der beste Zug wäre, oder auch nur zu verstehen, warum ein Spieler einen bestimmten Zug macht. Genauso verhält es sich in der Natur, nur in weit höherem Maße; doch zumindest könnte es uns gelingen, sämtliche Grundregeln herauszubekommen. Denn zur Zeit kennen wir sie noch nicht alle. (Immer wieder passiert etwas, das wir nach wie vor nicht verstehen, etwa eine Rochade). Abgesehen davon, daß wir nicht alle Regeln kennen, können wir mit ihrer Hilfe nur sehr wenig erklären, da fast alle Situationen zu komplex und kompliziert sind, als daß wir nur anhand unserer Kenntnis der Regeln dem Spiel folgen, geschweige denn vorhersagen könnten, was als nächstes geschieht. Folglich müssen wir uns auf die einfachere Frage nach den Spielregeln beschränken. Kennen wir diese, dann vermeinen wir die Welt zu »verstehen«.

Aber woher sollen wir wissen, ob die Spielregeln, die wir »erraten«, wirklich stimmen, obwohl wir das Spiel nicht einmal einigermaßen analysieren können? Dafür gibt es, grob gesprochen, drei Möglichkeiten. Erstens gibt es unter Umständen Konstellationen – oder wir schaffen sie –, die einfach sind und aus so wenig Einzelelementen bestehen, daß wir genau vorhersagen können, was passieren wird; auf diese Weise können wir überprüfen, ob unsere Regeln stimmen. (In der einen Ecke des Schachbretts stehen vielleicht nur ein paar Figuren, und was mit denen geschieht, können wir ziemlich genau ausrechnen.)

Zweitens lassen sich die Regeln auch recht gut anhand allgemeinerer, daraus abgeleiteter überprüfen. Beispielsweise gilt beim Schach für den Läufer die Regel, daß er sich nur diagonal bewegen darf. Daraus kann man den Schluß ziehen, ein bestimmter Läufer befindet sich, gleichgültig, wie viele Züge gemacht werden, stets auf einem weißen Feld. Auch ohne dem Spiel in allen Einzelheiten folgen zu können, sind wir also durchaus in der Lage, unsere Vorstellung, wie der Läufer sich bewegt, immer wieder zu überprüfen, indem wir ganz einfach beobachten, ob er sich immer auf einem weißen Feld befindet. Eine ganze Weile wird dies natürlich der Fall sein, doch plötzlich und völlig unerwartet stellen wir fest, er steht auf einem *schwarzen* Feld (natürlich ist folgendes passiert: er wurde mittlerweile gefangengenommen, ein Bauer ist zur anderen Seite bis zur Dame gelangt und wurde in einen Läufer auf schwarzem Feld umgewandelt). So läuft es auch in der Physik. Wir haben eine Regel, die lange Zeit im großen und ganzen hervorragend funktioniert, selbst wenn wir sie nicht in allen Einzelheiten verstehen, doch irgendwann entdecken wir eine *neue Regel.* Unter dem Blickwinkel der Grundlagenphysik finden wir die interessantesten Phänomene natürlich in *neuen* Konstellationen, in denen die Regeln nicht zum Tragen kommen – und nicht dort, wo sie zutreffen! Auf diese Weise entdecken wir neue Regeln.

Die dritte Möglichkeit, um festzustellen, ob unsere Ideen zutreffen, ist ziemlich plump, doch möglicherweise die aussagekräftigste: die *grobe Näherung.* Auch wenn wir nicht sagen können, warum Alechin mit *dieser bestimmten Figur* einen Zug macht, können wir doch so *ungefähr* begreifen, daß er, aufs Ganze betrachtet, seine Figuren um den König herum zusammenzieht, um ihn zu decken; zumindest ist das unter diesen Umständen das vernünftigste. Auf die gleiche Weise verstehen wir oft die Natur mehr oder weniger, ohne zu wissen, wie *jeder einzelne winzige Bestandteil* sich verhält – soweit eben unser Verständnis des Spiels reicht.

Ursprünglich teilte man die Naturphänomene relativ grob in bestimmte Kategorien ein, etwa Wärme, Elektrizität, Mechanik, Magnetismus, Eigenschaften von Materie, chemische Phänomene, Licht oder Optik, Röntgenstrahlen, Kernphysik, Gravitation, Mesonenphänomene und so weiter. Doch eigentlich will man die *Natur insgesamt* als verschiedene Aspekte einer *einzigen Gruppe* von Phänomenen verstehen. Das ist das Problem, mit dem sich die theoretische Grundlagenphysik derzeit beschäftigt – sie will *die den Experimenten zugrundeliegenden Gesetze herausfinden, die einzelnen Kategorien miteinander verschmelzen.* Im Lauf der Geschichte waren wir immer wieder in der Lage, sie noch enger miteinander in Zusammenhang zu bringen, und da die Zeit nicht stillsteht, entdeckte man immer wieder etwas Neues. Die Verschmelzung gelang uns recht gut, doch dann stieß man plötzlich auf die Röntgenstrahlen. Wir faßten also weiter zusammen, doch dann entdeckte man die Mesonen. In jeder Phase des Spiels herrschte also ein ziemliches Durcheinander. Ein Großteil ließ sich in einen Gesamtzusammenhang bringen, immer gibt es jedoch in allen Richtungen ein paar lose Enden. So sieht es heute aus, und genau das wollen wir zu beschreiben versuchen.

Ich nenne Ihnen einige Beispiele dieser Verschmelzungen im Lauf der Geschichte. Nehmen Sie als erstes *Wärme* und *Mechanik.* Die Atome sind ständig in Bewegung, und je heftiger sie sich bewegen, desto mehr Wärme enthält das System; folglich *lassen Wärme sowie alle Temperatureffekte sich mittels der Gesetze der Mechanik darstellen.* Eine weitere großartige Verschmelzung stellte die Entdeckung des Zusammenhangs zwischen Elektrizität, Magnetismus und Licht dar – wie sich herausstellte, handelt es sich lediglich um verschiedene Aspekte ein und desselben, nämlich dessen, was wir heutzutage als *elektromagnetisches Feld* bezeichnen. Noch eine solche Zusammenfassung sei erwähnt: die Vereinheitlichung der chemischen Erscheinungen, der verschiedenen Eigenschaften verschiedener Substanzen und des Verhaltens atomarer Teilchen: *die Quantenmechanik der Chemie.*

Die Frage lautet jetzt natürlich: Ist es möglich, *alles* miteinander zu verschmelzen, und werden wir dann entdecken, diese unsere Welt stellt nichts weiter als verschiedene Aspekte *eines einzigen* »Dinges« dar? Niemand kann das sagen. Wir wissen nur eines: Immer wieder gelingt es uns, einzelne Teilstücke zu verschmelzen; doch dann tauchen Dinge auf, die nicht dazupassen; trotzdem versuchen wir hartnäckig weiter, das Puzzle zusammenzusetzen. Ob es aus einer endlichen Zahl von Einzelteilen besteht, ob es überhaupt eine Umgrenzung hat, das wissen wir natürlich nicht. Und vor Vollendung des Bildes – falls es sich überhaupt je fertigstellen läßt – werden wir dies auch nicht wissen. Wir wollen hier untersuchen, in welchem Maße dieser Amalgamierungsprozeß bereits fortgeschritten ist und wie sich die Situation derzeit darstellt, indem wir versuchen, grundlegende Phänomene anhand von möglichst wenigen Grundsätzen zu verstehen. Einfacher ausgedrückt: *Woraus bestehen die Dinge, und wie wenige Einzelelemente gibt es?*

Physik vor 1920

Es ist gar nicht so einfach, gleich mit einer Schilderung der derzeitigen Betrachtungsweise zu beginnen; deshalb wollen wir erst einmal einen Blick auf die Situation um 1920 werfen und dann ein paar Punkte herausgreifen. Vor 1920 stellte man sich die Welt etwa folgendermaßen vor: Die »Bühne« des Universums ist der dreidimensionale *Raum* der Geometrie, wie Euklid ihn beschrieben hat, und die Dinge verändern sich in einem als *Zeit* bezeichneten Medium. Die Agierenden auf dieser Bühne sind *Teilchen,* beispielsweise die Atome, die bestimmte *Eigenschaften* aufweisen. Erstens die Trägheit: Wenn ein Teilchen sich bewegt, behält es diese Bewegung in derselben Richtung bei, außer irgendwelche *Kräfte* wirken auf es ein. Zweitens die *Kräfte,* die man sich damals in zweierlei Form dachte: Einerseits eine ungemein komplexe und differenzierte Art Wechselwirkungskraft, die auf komplizierte Weise die verschiedenen Atome in unterschiedlichen Kombinationen zusammenhält; von diesen hängt es ab, ob Salz sich schneller oder aber langsamer auflöst, wenn wir die Temperatur erhöhen. Die andere Kraft stellte man sich als Fernwirkungskraft vor – eine gleichmäßige, stille Anziehungskraft –, die sich umgekehrt proportional zum Quadrat des Abstands verändert. Sie wurde als *Gravitation* oder Schwerkraft bezeichnet. Dieses sehr einfache Gesetz war bekannt. *Warum* Dinge in ihrer jeweiligen Bewegung verharren und *warum* es ein Gravitationsgesetz gibt, das wußte man natürlich nicht.

Uns interessiert hier die Beschreibung von Natur. Unter diesem Gesichtspunkt besteht Gas – im Grunde *jegliche* Materie – aus einer Unmenge sich bewegender Teilchen. Viele der Dinge, die wir beobachtet haben, als wir am Meeresufer standen, lassen sich also unmittelbar miteinander in Verbindung bringen. Zum einen der Druck: Er ergibt sich aus dem Zusammenprall der Atome mit den Wänden oder was auch immer. Wenn alle Atome sich durchschnittlich in einer Richtung bewegen, ist dieses Dahindriften Wind; die internen *statistischen* Bewegungen sind die *Wärme*. Manche Wellen haben – wenn sich zu viele Teilchen angesammelt haben – eine Überschußdichte; während sie dahinrauschen, schieben sie in einiger Entfernung Teilchenanhäufungen zusammen und so weiter. Wellen mit Überschußdichte sind der *Schall*. Soviel zu verstehen bedeutete eine ungeheure Leistung; einiges davon habe ich im vorhergehenden Kapitel beschrieben.

Welche *Arten* von Teilchen gibt es? Damals glaubte man, es seien 92: man entdeckte letztlich 92 verschiedene Arten von Atomen. Man gab ihnen unterschiedliche Namen, die mit ihren chemischen Eigenschaften zusammenhingen.

Der nächste Aspekt des Problems war folgender: *Welche Nahwirkungskräfte existieren?* Warum zieht ein Kohlenstoffatom ein oder vielleicht zwei Sauerstoffatome an, nicht aber drei? Wie funktioniert die Wechselwirkung zwischen Atomen? Liegt es an der Gravitation? Die Antwort lautet: nein. Gravitation ist viel zu schwach. Stellen Sie sich jedoch einmal eine der Gravitation analoge Kraft vor, die sich ebenfalls umgekehrt proportional zum Quadrat des Abstands verändert, jedoch weit stärker ist und einen Unterschied aufweist. Gravitation bedeutet, daß alles alles andere anzieht; stellen Sie sich jedoch nun *zwei Arten* von »Dingen« vor;

diese neue Kraft (es handelt sich natürlich um Elektrizität) hat die Eigenschaft, daß gleiche Dinge einander *abstoßen,* ungleiche einander jedoch *anziehen.* Das »Ding«, das diese starke Wechselwirkung trägt, bezeichnet man als *Ladung.*

Was haben wir nun also? Angenommen, wir haben zwei ungleiche Dinge, die einander anziehen, ein Plus und ein Minus; sie hängen sehr eng aneinander. Nehmen wir des weiteren an, in einiger Entfernung befindet sich eine weitere Ladung. Würde diese irgendeine Anziehung spüren? Nein, *praktisch keine,* denn wenn die beiden ersten Dinge die gleiche Größe haben, gleichen die Anziehung durch die eine und die Abstoßung durch die andere einander aus. Daher ist in einiger Entfernung kaum eine Kraft zu spüren. Kommt hingegen die zusätzliche Ladung *sehr nahe,* ergibt sich eine *Anziehung,* da die Abstoßung von gleichen und die Anziehung von ungleichen Ladungen dazu neigen, ungleiche einander näher zu bringen und gleiche weiter voneinander wegzustoßen. In dem Fall ist die Abstoßung *geringer* als die Anziehung. Deshalb sind die Atome, die aus positiven und negativen elektrischen Ladungen bestehen, lediglich einer sehr geringen Kraft ausgesetzt (abgesehen von der Gravitation), wenn sie sich in einiger Entfernung voneinander befinden. Rücken sie nahe zusammen, können sie »ineinander hineinsehen« und ihre jeweiligen Ladungen neu anordnen; das Ergebnis ist eine sehr starke Wechselwirkung. Letztlich ist der Grund für eine Wechselwirkung zwischen den Atomen die *Elektrizität.* Da diese Kraft ungeheuer groß ist, binden sich alle Plus- und alle Minusladungen normalerweise so eng wie nur möglich aneinander. Alle Dinge, selbst wir, bestehen aus ungemein stark wechselwirkenden Plus- und Minusteilen, die fein säuberlich ausgewogen sind. Hin und wieder streifen wir vielleicht zufällig ein paar Minus oder ein paar Plus ab (bei den Minus geht dies normalerweise leichter); dann ist die elektrische Kraft *nicht mehr ausgewogen,* und wir können die Auswirkungen der elektrischen Anziehungskräfte beobachten.

Um Ihnen eine Vorstellung davon zu vermitteln, wieviel stärker die Elektrizität ist als die Gravitation, denken Sie sich einmal zwei Sandkörnchen mit einem Durchmesser von 1 Millimeter, die 30 Meter voneinander entfernt sind. Wäre die zwischen ihnen wirkende Kraft nicht ausgewogen, zöge alles alles andere an und würden nicht ungleiche Dinge einander abstoßen, würden die Kräfte einander also nicht aufheben, welche Kraft käme dann zum Tragen? Zwischen den beiden würde eine Kraft von *3 Millionen Tonnen* wirken! Sie sehen, es bedarf nur eines äußerst geringen Überschusses oder Mangels an positiven oder negativen elektrischen Ladungen, um beträchtliche elektrische Auswirkungen zu erzielen. Aus diesem Grund können Sie natürlich keinen Unterschied zwischen etwas mit elektrischer Ladung und etwas ohne eine solche erkennen – es kommen so wenige Teilchen ins Spiel, daß sie sich hinsichtlich Gewicht oder Größe eines Gegenstandes kaum auswirken.

Mit Hilfe dieses Bildes fällt es uns leichter, die Atome zu verstehen. Man glaubte damals, sie hätten in ihrem Inneren einen sehr massiven, elektrisch positiv geladenen »Kern«, den eine bestimmte Anzahl sehr leichter und negativ geladener »Elektronen« umkreist. Nun greifen wir ein wenig voraus und verraten, daß man im Kern selber zwei Teilchenarten fand, Protonen und Neutronen, die fast das gleiche Gewicht haben und sehr schwer sind. Die Protonen haben eine elektrische Ladung, die Neutronen sind neutral. Ein Atom mit sechs Protonen im Kern, der von sechs Elektronen umgeben ist (in der gewöhnlichen Welt der Materie sind alle negativen Teilchen Elektronen und zudem im Vergleich mit den Protonen und Neutronen, aus denen der Kern besteht, sehr leicht), hat im Periodensystem die Atomnummer 6 und heißt Kohlenstoff. Atomnummer 8 wird als Sauerstoff bezeichnet und so weiter, da die chemischen Eigenschaften von den Elektronen *auf der Außenseite* abhängen, genauer gesagt lediglich davon, *wie viele* Elektronen vorhanden sind. Die *chemischen* Eigenschaften werden also lediglich von einer Zahl bestimmt, nämlich der Anzahl der Elektronen. (Eigentlich hätten die Chemiker diese ganze Liste von Elementen genausogut mit Zahlen benennen können: 1, 2, 3, 4, 5 und so weiter. Statt »Kohlenstoff« könnten wir »Element sechs« sagen – was bedeutet, es sind sechs Elektronen vorhanden –, doch als die ersten Elemente entdeckt wurden, wußte man natürlich nicht, daß man sie auf diese Weise durchnumerieren könnte; zum anderen sähe dann das Ganze reichlich kompliziert aus. Es ist besser, diese Dinge mit Namen und Symbolen zu versehen, als alles nur mit einer Zahl zu bezeichnen.)

Mit der Zeit fand man mehr über die elektrische Kraft heraus. Die naheliegende und natürliche Erklärung der elektrischen Wechselwirkung lautet ganz einfach: Zwei Dinge ziehen einander an – Plus und Minus. Allerdings stellte sich heraus, dies war keine zureichende Erklärung. Eine angemessenere Darstellung läßt sich folgendermaßen ausdrücken: Das Vorhandensein einer positiven Ladung verzerrt oder schafft in gewissem Sinne einen »Zustand« im Raum; bringen wir die negative Ladung ein, wird auf sie eine Kraft ausgeübt. Diese Fähigkeit, eine Kraft zu erzeugen, bezeichnet man als *elektrisches Feld.* Bringen wir ein Elektron in ein elektrisches Feld, dann sagen wir, es wird »angezogen«. Zwei Regeln kommen nun zum Tragen: a) Spannungen erzeugen ein Feld, und (b) auf Ladungen in Feldern wird eine Kraft ausgeübt, und sie bewegen sich. Warum das so ist, wird klar, wenn wir uns folgendes Phänomen ansehen: Laden wir einen Gegenstand, sagen wir einmal: einen Kamm, elektrisch auf, plazieren ein ebenfalls aufgeladenes Blatt Papier in einem gewissen Abstand und schieben dann den Kamm hin und her, reagiert das Papier und weist immer auf den Kamm. Rütteln wir den Kamm, bleibt das Papier ein wenig zurück: *Es tritt eine Verzögerung ein.* (In der ersten Phase, wenn wir den Kamm ziemlich langsam bewegen, kommt eine als *Magnetismus* bezeichnete Komplikation ins Spiel. Magnetische Wirkungen haben etwas mit *Ladungen in relativer Bewegung* zu tun, folglich kann man magnetische und elektrische Kräfte in Wirklichkeit einem Feld zuordnen – es handelt sich um zwei Aspekte ein und desselben Phänomens. Ohne Magnetismus gibt es auch kein sich veränderndes elektrisches Feld.) Schieben wir das Blatt Papier weiter weg, nimmt die Verzögerung zu. Und nun beobachten wir etwas Interessantes. Obwohl die zwischen zwei aufgeladenen Gegenständen wirksamen Kräfte sich umgekehrt proportional zum *Quadrat* des Abstands verändern sollten, stellen wir fest, wenn wir eine Ladung schütteln, *reicht die Beeinflussung viel weiter,* als man auf den ersten Blick meinen möchte. Das heißt, die Wirkung läßt langsamer nach als das reziproke Quadrat.

Zur Veranschaulichung eine Analogie: Planschen wir in einem Wasserbecken, und ganz dicht neben uns treibt ein Korken vorbei, können wir ihn »direkt« bewegen, indem wir mit einem zweiten Korken das Wasser aufrühren. Betrachtete man nur die beiden *Korken,* sähe man nichts weiter, als daß der eine sich unmittelbar infolge der Bewegung des anderen bewegt hat – es besteht eine Art »Wechselwirkung« zwischen ihnen. In Wirklichkeit wirbeln wir natürlich das *Wasser* auf; und das *Wasser* läßt dann den Korken hin und her tanzen. Wir könnten also ein »Gesetz« aufstellen: Schubst man das Wasser ein wenig, bewegt sich ein Gegenstand, der sich ganz in der Nähe ebenfalls im Wasser befindet. Wäre er weiter entfernt, würde der Korken sich natürlich kaum rühren, denn wir wirbeln das Wasser ja nur an einer begrenzten Stelle auf. Rütteln wir andererseits an dem Korken, kommt ein neues Phänomen ins Spiel, bei dem die Bewegung des Wassers hier das Wasser dort ebenfalls in Bewegung versetzt und so weiter, und *Wellen* breiten sich aus; durch das Rütteln lösen wir also einen Effekt aus, der *viel weiter reicht,* einen oszillatorischen oder Schwingungseffekt, der sich nicht durch die unmittelbare Wechselwirkung erklären läßt. An die Stelle der Idee einer unmittelbaren Wechselwirkung muß also das Vorhandensein von Wasser oder, wenn es um Elektrizität geht, das sogenannte *elektromagnetische Feld* treten.

Das elektromagnetische Feld kann Wellen transportieren; bei einigen dieser Wellen handelt es sich um *Licht,* andere werden bei *Rundfunkübertragungen* eingesetzt; ihr allgemeiner, umfassender Name lautet jedoch: *elektromagnetische Wellen*. Diese oszialltorischen Wellen haben unterschiedliche *Frequenzen*. Das einzige, worin sich eine Welle von einer anderen unterscheidet, ist die *Schwingungsfrequenz*. Schütteln wir eine Ladung immer schneller hin und her und sehen uns an, welche Wirkungen dies hat, dann bemerken wir eine ganze Reihe verschiedener Effekte, die sich alle durch die Spezifizierung nur einer Zahl vereinheitlichen lassen: der Anzahl der Schwingungen pro Sekunde. Die elektrischen Ströme, die wir normalerweise aus den Leitungen in den Mauern eines Gebäudes »aufschnappen«, haben eine Frequenz von ungefähr hundert Perioden pro Sekunde. Erhöhen wir die Frequenz auf 500 oder 1000 Kilohertz (1 Kilohertz entspricht 1000 Perioden oder Hertz) pro Sekunde, sind wir »auf Sendung«, denn damit befinden wir uns im Frequenzbereich für Rundfunksendungen. Erhöhen wir die Frequenz weiter, gelangen wir in den Bereich, der für UKW und Fernsehübertragungen genutzt wird. Bei einer erneuten Frequenzsteigerung arbeiten wir mit bestimmten kurzen Wellen, beispielsweise für *Radar*. Gehen wir noch höher, dann brauchen wir kein Instrument mehr, um die Wellen zu »sehen« – das schafft auch das menschliche Auge. In einem Frequenzbereich von 5×10^{14} bis 5×10^{15} Perioden pro

Frequenz in Hertz	Name	Grobes Verhalten
10^2	Elektrische Störung	Feld
$5 \times 10^5 - 10^6$	Rundfunk	
10^8	UKW/Fernsehen	
10^{10}	Radar	Wellen
$5 \times 10^{14} - 10^{15}$	Licht	
10^{18}	Röntgenstrahlen	
10^{21}	γ-Strahlen (Kernzerfall)	
10^{24}	γ-Strahlen (»künstliche«)	Teilchen
10^{27}	γ-Strahlen (in kosmischen Strahlen)	

Tabelle 2.1: Das elektromagnetische Spektrum

Sekunde können wir, wenn wir ihn nur schnell genug schütteln, im Prinzip das Oszillieren des aufgeladenen Kammes sehen, wie es je nach Frequenz von Rot zu Blau und Violett changiert. Frequenzen unterhalb dieses Bereichs bezeichnet man als Infrarot, die darüber als Ultraviolett. Die Tatsache, daß wir einen bestimmten Frequenzbereich sehen können, macht diesen Teil des elektromagnetischen Spektrums vom Standpunkt des Physikers aus um nichts beeindruckender; unter menschlichen Gesichtspunkten ist er natürlich interessanter. Steigern wir die Frequenz nochmals, erhalten wir Röntgenstrahlen. Diese sind nichts weiter als Licht mit einer sehr hohen Frequenz. Noch weiter, und wir langen bei den Gammastrahlen an. Diese beiden Begriffe, Röntgen- und Gammastrahlen, werden beinahe gleichbedeutend verwandt. Normalerweise bezeichnen wir von Atomkernen ausgesandte elektromagnetische Strahlen als Gammastrahlen, die hochenergetischen von Atomen stammenden Strahlen hingegen als Röntgenstrahlen; bei gleicher Frequenz sind sie vom Physikalischen her allerdings nicht unterscheidbar, gleichgültig, was ihre Quelle ist. Gehen wir mit der Frequenz noch höher, beispielsweise auf 10^{24} Perioden pro Sekunde, stellen wir fest, daß diese Wellen sich künstlich erzeugen lassen – beispielsweise mit dem Synchrotron hier am Caltech. Es gibt elektromagnetische Wellen mit phantastisch hohen Frequenzen – mit einer bis zu tausendmal schnelleren Oszillation –, und zwar in *kosmischen Strahlen*. Die entziehen sich allerdings unserer Kontrolle.

Quantenphysik

Kaum haben wir das Konzept des elektromagnetischen Feldes vorgestellt und erklärt, daß dieses Feld Wellen transportieren kann, da stellen wir fest, diese Wellen verhalten sich in Wirklichkeit reichlich seltsam, nämlich ganz anders, als man es von Wellen erwartet. Bei höheren Frequenzen führen sie sich eher wie

Teilchen auf! Erst mit Hilfe der kurz nach 1920 entdeckten *Quantenmechanik* konnte man dieses merkwürdige Verhalten erklären. In der Zeit davor stellte man sich den Raum dreidimensional vor; Zeit hielt man für etwas Gesondertes; Einstein krempelte diese Sichtweise um, zuerst zu einer Kombination, die wir als Raumzeit bezeichnen, dann noch weitgehender zu einer *gekrümmten* Raumzeit, um Gravitation darzustellen. Die »Bühne« verwandelte sich also in Raumzeit, und Gravitation ist vermutlich eine Modifizierung der Raumzeit. Dann stellte man auch noch fest, daß die Regeln für die Teilchenbewegung nicht zutrafen. In der Welt der Atome sind die mechanischen Regeln von »Trägheit« und »Kräften« *falsch* – sind die Newtonschen Gesetze *falsch*. Man fand vielmehr heraus, Dinge in kleinem Maßstab verhalten sich keineswegs wie Dinge in großem Maßstab. Das macht die Physik so schwierig – und so interessant. Und zwar ist es deswegen so mühsam, weil das Verhalten von Dingen in sehr kleinem Maßstab so »unnatürlich« ist: Wir haben keine unmittelbare Erfahrung damit. In diesem Bereich betragen Dinge sich völlig anders als alles, was wir kennen. Daher kann man dieses Verhalten nur analytisch beschreiben, was alles andere als leicht ist und großer Vorstellungskraft bedarf.

Die Quantenmechanik hat viele Aspekte. Als erstes ist die Vorstellung, ein Teilchen habe einen bestimmten Ort und eine bestimmte Geschwindigkeit, nicht mehr zulässig; sie ist schlicht falsch. Um ein Beispiel zu nennen, wie sehr die klassische Physik hier irrt: Eine Regel der Quantenmechanik besagt, man könne nicht beides gleichzeitig wissen – wo etwas sich befindet und wie schnell es sich bewegt. Die Unbestimmtheit des Impulses und die Ungewißheit des Ortes sind komplementär; das Produkt aus beiden ist konstant. Dieses Gesetz läßt sich folgendermaßen darstellen: $\Delta x \, \Delta p \geq h/2\pi$; wir werden dies später näher erklären. Diese Regel erklärt ein äußerst geheimnisvolles Paradox: Wenn die Atome aus Plus- und Minusladungen bestehen, warum überlagern dann die Minusladungen nicht einfach die Plusladungen (sie ziehen einander an) und kommen ihnen so nahe, daß sie sie völlig aufheben? *Warum sind Atome so groß?* Warum befindet sich im Mittelpunkt ein von Elektronen umkreister Kern?

Anfangs glaubte man, dies liege daran, daß der Kern so groß sei; doch nein: Der Kern ist *winzig*. Ein Atom hat einen Durchmesser von ungefähr 10^{-8} Zentimetern – der des Kerns beträgt etwa 10^{-13} Zentimeter. Wollten wir uns den Kern eines Atoms ansehen, müßten wir dieses so lange vergrößern, bis es die Ausmaße eines großen Zimmers hätte, und selbst dann wäre der Kern lediglich ein winziger, mit bloßem Auge kaum wahrnehmbarer Fleck. Doch in diesem winzigen *Kern* ruht nahezu das *gesamte Gewicht* des Atoms. Was hindert die Elektronen daran, einfach auf ihn aufzuprallen? Folgendes Prinzip: Befänden sie sich innerhalb des Kerns, würden wir ihre Position genau kennen, denn dann würde die Unschärferelation fordern, daß sie über einen ungeheuer *großen* (aber unbestimmten) Impuls, das heißt über eine sehr hohe *kinetische Energie* verfügen. Mit einer solchen Energie würden sie sich jedoch vom Kern losreißen. Sie schließen also einen Kompromiß: Sie lassen sich selber ein wenig Raum für die Unbestimmtheit und bewegen sich dann minimal in Übereinstimmung damit. (Sie erinnern sich, wenn ein Kristall auf den absoluten Nullpunkt abgekühlt wird, hören die Atome nicht auf, sich zu bewegen, sie wackeln ein wenig hin und her. Warum? Hörten sie auf, sich zu bewegen, wüßten wir, wo sie sich befinden und daß ihre Bewegung gleich null ist; und das verstieße gegen das Unschärfeprinzip. Wir können nicht gleichzeitig wissen, wo sie sich aufhalten und wie schnell sie sich bewegen, folglich müssen sie ständig da drinnen herumwackeln.)

Mit der Quantenmechanik ging eine weitere ungemein interessante Veränderung der Ideen und der Philosophie von Wissenschaft einher: Es ist nicht möglich, *genau* vorherzusagen, was unter irgendwelchen Umständen geschieht. Beispielsweise ist es durchaus möglich, ein Atom dazu zu bringen, Licht abzustrahlen; wenn es das Licht ausgesandt hat, können wir das messen, indem wir ein Photon-Teilchen einfangen; ich werde das gleich eingehender beschreiben. Allerdings können wir nicht vorhersagen, *wann* es das Licht aussenden wird, noch, wenn wir mehrere Atome haben, *welches* dies tun wird. Möglicherweise sagen Sie jetzt, es gäbe vermutlich ein inneres Räderwerk, das wir uns nicht genau genug angesehen haben. O nein, ein solches internes Getriebe existiert nicht; die Natur, wie wir sie heute verstehen, verhält sich auf eine Art und Weise, daß es *prinzipiell unmöglich* ist, eine genaue Vorhersage zu treffen, *was genau* bei einem bestimmten Experiment *passieren wird*. Das ist eine grauenhafte Situation; in der Tat, früher behaupteten die Philosophen, eine wesentliche Voraussetzung von Wissenschaft sei es, daß unter den gleichen Bedingungen immer das gleiche geschehen muß. Das ist schlicht *nicht wahr* – es ist keine wesentliche Voraussetzung. Tatsache ist, es passiert eben nicht das gleiche; wir können lediglich einen statistischen Durchschnittswert für das, was abläuft, ermitteln. Trotzdem war die Naturwissenschaft nicht am Ende. Ganz nebenbei bemerkt – Philosophen treffen eine Menge Aussagen hinsichtlich *unbedingt notwendiger* Voraussetzungen für Wissenschaft; und was sie so sagen, ist, soweit wir das beurteilen können, immer reichlich naiv und vermutlich falsch. Beispielsweise meinte der eine oder andere Philosoph, für die Wissenschaft sei es von grundlegender Bedeutung, daß ein Experiment, das in, sagen wir einmal, Stockholm durchgeführt wurde, zu den *gleichen Ergebnissen* führen muß, wenn man es in Quito wiederholt. Völlig falsch. Es ist eben nicht erforderlich, daß *Wissenschaft* dies leistet; mag ja sein, daß es eine *Erfahrungstatsache* ist, eine notwendige Voraussetzung ist es jedoch mitnichten. Beispielsweise könnte es bei einem solchen Experiment darum gehen, das Nordlicht in Stockholm zu beobachten; in Quito wird man es allerdings vergeblich suchen; es handelt sich dabei um ein ganz anderes Phänomen. »Aber«, wenden Sie jetzt vielleicht ein, »das ist schließlich etwas, was draußen vor sich geht; wenn ich mich aber in Stockholm in einen kleinen Raum einschließe und die Rolläden herunterlasse, erhalte ich dann einen anderes Ergebnis?« Natürlich. Wenn wir ein an einem Universalkugelgelenk aufgehängtes Pendel nehmen, schwingt es nahezu in einer Ebene – nahezu, aber nicht ganz. In Stockholm verschiebt diese Ebene sich allmählich, nicht jedoch in Quito. Und das, obwohl die Rolläden heruntergelassen sind. Auch dies bringt die Wissenschaft nicht zum Einsturz. Was also *ist* die grundlegende Hypothese der Wissenschaft, wie lautet die ihr zugrundeliegende Philosophie? Wir haben sie im ersten Kapitel zusammengefaßt: *Der einzige Prüfstein für die Gültigkeit einer Vorstellung ist das Experiment.* Wenn sich herausstellt, daß wir bei den meisten Experimenten in Quito das gleiche Ergebnis erzielen wie in Stockholm, dann kann man anhand dieser »meisten Experimente« ein allgemeines Gesetz formulieren; die Experimente, bei denen etwas anderes herauskommt, sind, so sagen wir dann, eine Folge der Bedingungen in Stockholm. Wir erfinden schließlich eine Methode, die Ergebnisse des Experiments zusammenzufassen, und niemand braucht uns vorher zu sagen, wie diese aussieht. Wenn man uns erklärt, das gleiche Experiment führe immer zu dem gleichen Ergebnis, dann ist das ja schön und gut, aber wenn wir es versuchen, und es verhält sich *nicht* so, dann verhält es sich eben *nicht* so. Wir müssen einfach von dem ausgehen, was wir sehen, und die übrigen Ideen in Übereinstimmung mit unseren tatsächlichen Erfahrungen formulieren.

Wenden wir uns wieder der Quantenmechanik und der Grundlagenphysik zu; wir können an dieser Stelle natürlich nicht auf die Einzelheiten der quantenmechanischen Grundsätze eingehen, da sie ziemlich schwer zu verstehen sind. Wir nehmen sie einfach als gegeben an und beschreiben einige der Folgerungen daraus. Eine dieser Konsequenzen ist es, daß Dinge, die wir als Wellen zu betrachten gewohnt waren, sich auch wie Teilchen, und Teilchen sich wie Wellen verhalten; im Grunde verhält sich alles gleich. Es gibt keinen Unterschied zwischen einer Welle und einem Teilchen. Die Quantenmechanik *faßt* also die Vorstellung des Feldes und seiner Wellen sowie die der Teilchen zu einem Ganzen *zusammen.* Nun trifft es zwar zu, daß bei niedriger Frequenz der Feldaspekt des Phänomens deutlicher sichtbar oder als annähernde Beschreibung in Begriffen der alltäglichen Erfahrung nützlicher wird. Nimmt die Frequenz jedoch zu, tritt der Teilchenaspekt deutlicher zutage, zumindest wenn wir die Instrumente verwenden, mit denen wir normalerweise die Messungen durchführen. Tatsächlich hat man, wiewohl wir eine Vielzahl von Frequenzen erwähnt haben, bislang kein einziges Phänomen entdeckt, bei dem eine Frequenz von mehr als annähernd 10^{12} Perioden pro Sekunde unmittelbar ins Spiel kommt. Diese höheren Frequenzen *leiten* wir lediglich aus der Energie der Teilchen *ab*, und zwar mittels einer Regel, die davon ausgeht, daß die Teilchen-Welle-Vorstellung der Quantenmechanik zutreffend ist.

Wir betrachten also die elektromagnetische Wechselwirkung in einem neuen Licht. Eine neue Art von *Teilchen* gesellt sich dem Elektron, dem Proton und dem Neutron zu. Dieses neue Teilchen nennt man *Photon*. Die neuartige Betrachtungsweise der Wechselwirkung zwischen Elektronen und Protonen, die die elektromagnetische Theorie darstellt, in deren Rahmen jedoch unter quantenmechanischen Gesichtspunkten alles stimmt, bezeichnet man als *Quantenelektrodynamik*. Diese grundlegende Theorie der Wechselwirkung zwischen Licht und Materie oder elektrischem Feld und Ladungen stellt unsere bislang größte Errungenschaft in der Physik dar. Diese eine Theorie schließt sämtliche Grundregeln für alle gewöhnlichen Phänomene außer der Gravitation und den Kernprozessen ein. Beispielsweise ergeben sich alle bekannten elektrischen, mechanischen und chemischen Gesetze aus der Quantenelektrodynamik: die Gesetze für den Zusammenprall von Billardkugeln, für die Bewegungen von Drähten in magnetischen Feldern, die spezifische Wärme von Kohlenmonoxid, die Farbe von Neonröhren, die Dichte von Salz sowie für die Reaktionen von Wasserstoff und Sauerstoff, damit Wasser entsteht, sie alle sind Folgen dieses einen Gesetzes. Und all diese Einzelheiten lassen sich herausfinden, wenn die Situation einfach genug ist, um eine Näherung auszuarbeiten; zwar ist dies fast nie der Fall, doch oft verstehen wir mehr oder weniger, was abläuft. Derzeit kennt man keinerlei Abweichungen von den quantenelektrodynamischen Gesetzen außerhalb des Kerns, und wir wissen nicht, ob es sich hier tatsächlich um eine Ausnahme handelt, einfach weil wir nicht wissen, was im Kern vor sich geht.

Im Prinzip stellt die Quantenelektrodynamik also die Theorie der gesamten Chemie und des Lebens dar, wenn man Leben letztlich auf Chemie und damit eigentlich auf Physik reduziert – denn die Chemie ist bereits zurückgeführt (den Teilbereich der Physik, der für die Chemie von Bedeutung ist, kennt man). Darüber hinaus sagt eben diese Quantenelektrodynamik, die etwas Großartiges ist, eine Menge neuer Dinge voraus. Erstens die Eigenschaften der ungemein hochenergetischen Photonen, Gammastrahlen und so weiter. Und noch etwas Bemerkenswertes sagt sie vorher: Außer dem Elektron müßte es eigentlich ein weiteres Teilchen mit der gleichen Masse, aber entgegengesetzter Ladung geben, genannt *Positron;* träfen diese beiden zusammen, könnten sie einander aufheben und dabei Licht oder Gammastrahlen aussenden. (Schließlich sind Licht und Gammastrahlen das gleiche, markieren lediglich verschiedene Punkte auf einer Frequenzskala.) Die Verallgemeinerung dessen, daß es zu jedem Teilchen ein Antiteilchen gibt, erweist sich nämlich als zutreffend. Im Fall des Elektrons hat das Antiteilchen einen anderen Namen – es heißt Positron, doch bei den meisten Teilchen sagt man einfach Antisoundso, etwa Antiproton oder Antineutron. In der Quantenelektrodynamik werden *zwei Zahlen* eingesetzt, und man rechnet damit, daß alle anderen nur denkbaren Zahlen sich daraus ergeben. Bei den beiden Zahlen handelt es sich um die Masse und um die Ladung des Elektrons. Ganz stimmt dies allerdings nicht, denn wir haben in der Chemie eine ganze Reihe von Zahlen, die besagen, wie schwer die Kerne sind. Und das bringt uns zum nächsten Abschnitt.

Kerne und Teilchen

Woraus bestehen die Kerne, und was hält sie zusammen? Wie man feststellte, werden die Kerne von gewaltigen Kräften zusammengehalten. Werden diese freigesetzt, ist die so freigesetzte Energie im Vergleich zur chemischen Energie enorm, etwa im gleichen Verhältnis wie sich die Atombombenexplosion zu einer TNT-Explosion verhält; denn bei der Atombombe geht es natürlich um Veränderungen innerhalb des Kerns, bei der Explosion von TNT hingegen um Veränderungen der Außenseite des Atoms. Die Frage lautet nun, welche Kräfte halten die Protonen und Neutronen im Kern zusammen? Yukawa stellte die Hypothese auf, so wie die elektrische Wechselwirkung mit einem Teilchen, dem Photon nämlich, in Verbindung gebracht werden könne, hätten auch die zwischen Neutronen und Protonen wirksamen Kräfte ein Feld irgendeiner Art, und wenn dieses Feld wackle, verhalte es sich wie ein Teilchen. Es könnte also noch andere Teilchen auf dieser Welt geben als Protonen und Neutronen; es gelang ihm, die Eigenschaften dieser Teilchen aus den bereits bekannten Merkmalen von Kernkräften abzuleiten. Beispielsweise sagte er voraus, sie müßten eine Masse haben, die zwei- oder dreihundertmal so groß ist wie die eines Elektrons; und siehe da – in kosmischen Strahlen entdeckte man ein Teilchen mit dieser Masse. Man nannte es My-Meson oder Myon oder μ-Meson. Allerdings stellte sich später heraus, es war das falsche Teilchen.

Wenig später, 1947 oder 1948, fand man dann doch ein Teilchen, das π-Meson oder Pion oder Pi-Meson, das Yukawas Kriterium genügte. Um zu den Kernkräften zu kommen, muß man also zu den Protonen und Neutronen auch noch das Pion hinzufügen. Vielleicht sagen Sie jetzt: »Na großartig! Mit Hilfe dieser Theorie betreiben wir Quantenmechanik, indem wir die Pionen einfach so einsetzen, wie Yukawa es gefordert hat, und schauen, ob es funktioniert; dann können wir alles erklären.« Pech gehabt.

Es stellt sich heraus, die Berechnungen, die diese Theorie erfordert, sind so kompliziert, daß bislang niemand in der Lage war auszurechnen, wie die Folgerungen aus dieser Theorie aussehen, oder sie anhand von Experimenten zu überprüfen. Und das geht jetzt seit fast zwanzig Jahren so!

Da stehen wir also und haben eine Theorie, wissen aber nicht, ob sie richtig oder falsch ist; allerdings wissen wir sehr wohl, sie ist ein *bißchen falsch* oder zumindest unvollständig. Und während wir mit unseren Theorien herumgespielt und versucht haben, die Folgerungen daraus zu berechnen, haben die experimentellen Physiker so einiges herausgefunden. Beispielsweise hatten sie bereits das μ-Meson oder Myon entdeckt, aber wir wissen immer noch nicht, wo wir es einfügen müssen. Zudem entdeckte man in kosmischen Strahlen eine Menge »zusätzlicher« Teilchen. Mittlerweile kennen wir annähernd dreißig Teilchen; es ist sehr schwierig, die Beziehungen dieser Teilchen zueinander zu verstehen und herauszufinden, wozu die Natur sie braucht oder was für eine Verbindung zwischen ihnen besteht. Heute verstehen wir diese verschiedenen Teilchen nicht als verschiedene Aspekte ein und desselben, und die Tatsache, daß wir derart viele nicht miteinander zusammenhängende Teilchen kennen, macht deutlich, daß wir zwar eine Menge zusammenhangloser Informationen, jedoch keine gute Theorie haben. Nach dem großen Erfolg der Quantenelektrodynamik verfügen wir in der Kernphysik über eine gewisse Menge an Wissen, ein annäherndes Wissen, irgendwie halb Erfahrung, halb Theorie; wir gehen von einer zwischen Protonen und Neutronen wirkenden Kraft aus und beobachten, was passiert, verstehen jedoch nicht wirklich, woher diese Kraft kommt. Abgesehen davon haben wir kaum Fortschritte gemacht. Wir haben eine ungeheure Menge chemischer Elemente entdeckt. Im Fall der Chemie ergab sich plötzlich eine völlig unerwartete Beziehung zwischen diesen Elementen; sie ist in dem von Mendelejew aufgestellten Periodensystem verkörpert. Beispielsweise sind Natrium und Kalium hinsichtlich ihrer chemischen Eigen-

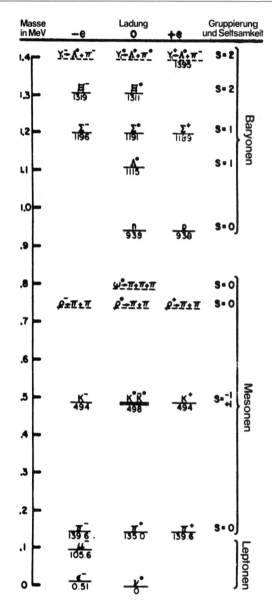

Tabelle 2.2: Elementarteilchen

schaften ungefähr gleich; folglich stehen sie auf der Mendelejew-schen Tafel in derselben Spalte. In der Folge suchten wir nach einer Art Mendelejewscher Tabelle für die neuen Teilchen. Eine derartige Übersicht haben unabhängig voneinander Gell-Mann in den Vereinigten Staaten und Nishijima in Japan erarbeitet. Sie gehen bei ihrer Klassifizierung von einer neuen Zahl aus, die wie eine bestimmte elektrische Ladung jedem Teilchen zugeordnet werden kann; man bezeichnet sie als seine »Seltsamkeit« oder »Strangeness«, S. Diese Zahl bleibt, wie die elektrische Ladung, bei von Kernkräften ausgelösten Reaktionen erhalten.

In Tabelle 2.2 sind alle Teilchen aufgeführt. Wir können an dieser Stelle nicht näher darauf eingehen, doch die Tabelle zeigt Ihnen zumindest, wieviel wir nicht wissen. Unter jedem Teilchen ist seine in einer bestimmten Einheit, genannt Mev, gemessene Masse angegeben. Ein Mev entspricht $1,782 \times 10^{-27}$ Gramm. Für diese Einheit entschied man sich aus historischen Gründen, auf die wir jetzt nicht näher eingehen wollen. Teilchen mit größerer Masse stehen in der Tabelle weiter oben; wie wir sehen, haben ein Neutron und ein Proton fast die gleiche Masse. In den senkrechten Spalten sind die Teilchen aufgeführt, die die gleiche elektrische Ladung haben: alle neutralen in einer Spalte, alle positiv geladenen rechts und alle negativ geladenen links davon.

Unter Teilchen sehen Sie eine durchgehende, unter »Resonanzen« eine gestrichelte Linie. Einige Teilchen fehlen in der Tabelle. Dazu zählen die wichtigen Teilchen mit null Masse und null Ladung, das Photon und das Graviton, die nicht in das Baryon-Meson-Lepton-Schema fallen, außerdem einige der erst seit kurzem bekannten Resonanzen *(K*, φ, η)*. Aufgeführt sind die Anti-teilchen der Mesonen; die der Leptonen und Baryonen müßten in einer gesonderten Tabelle aufgelistet werden, die genauso aus-sähe wie diese, nur spiegelbildlich entlang der Spalte Nulladung. Obwohl alle Teilchen außer dem Elektron, dem Neutrino, dem Photon, dem Graviton und dem Proton instabil sind, wurden die Zerfallsprodukte nur für die Resonanzen angegeben. Eine Seltsamkeitszuweisung erübrigt sich bei Leptonen, da sie mit den Kernen nicht stark wechselwirken.

Alle zusammen mit den Neutronen und Protonen aufgeführten Teilchen werden *Baryonen* genannt; es handelt sich dabei um folgende: Da sind einmal ein »Lambda« mit einer Masse von 1154 Mev sowie drei andere, genannt Sigmas (minus, neutral und plus) mit nahezu gleichen Massen. Es gibt Gruppen oder Multipletts mit bis auf ein oder zwei Prozent gleichen Massen. Jedes Teilchen in einem Multiplett hat die gleiche Seltsamkeit. Bei dem ersten Multiplett handelt es sich um das Doublett Proton-Neutron. Dann haben wir ein Singlett (das Lambda) sowie das Sigma-Triplett und schließlich das Xi-Doublett. Vor kurzem, 1961, wurden noch mehr Teilchen entdeckt. Aber handelt es sich dabei auch wirklich um Teilchen? Sie sind derart kurzlebig, daß sie fast augenblicklich zerfallen, sobald sie sich gebildet haben; folglich wissen wir nicht, ob wir sie als neue Teilchen oder als eine Art »Resonanz«-Wechselwirkung mit einer bestimmten festgelegten Energie zwischen den Λ- und π-Produkten handelt, in die sie zerfallen.

Außer den Baryonen sind noch andere Teilchen an der nuklearen Wechselwirkung beteiligt, die *Mesonen*. Hier haben wir zum einen die Pionen, die in drei Spielarten auftreten, positiv, negativ und neutral; sie bilden ein weiteres Multiplett. Zudem haben wir einiges Neue gefunden, nämlich sogenannte K-Mesonen; sie treten als ein Doublett, K^+ und K° auf. Auch in diesem Fall hat jedes Teilchen sein Antiteilchen, es sei denn, ein Teilchen ist *sein eigenes Antiteilchen*. Beispielsweise sind das π^- und das π^+ Antiteilchen, das π° hingegen ein eigenständiges. K^- und K^+ sind ebenfalls Antiteilchen, und das gleiche gilt für K° und $\overline{K}^\circ$. 1961 fand man außerdem etliche weitere Mesonen oder *Vielleicht*-Mesonen, die fast augenblicklich zerfallen. Etwas, das man als ω bezeichnet und das in drei Pionen zerfällt, hat auf dieser Skala eine Masse von 780; ein wenig unsicherer ist man sich bei einem Objekt, das in zwei Pionen zerfällt. Diese Mesonen und Baryonen genannten Teilchen sowie die Antiteilchen der Mesonen befinden sich in derselben Tabelle, die Antiteilchen der Baryonen müssen jedoch auf einer anderen, nämlich spiegelbildlich entlang der Nulladung-Spalte eingetragen werden.

Wie bei Mendelejews Tabelle, die, abgesehen davon, daß eine Reihe sehr seltener Elemente nicht hineinpaßten, sehr gut war, hängen auch in diesem Fall einige Dinge sozusagen in der Luft – Teilchen, die in Kernen nicht stark wechselwirken, nichts mit einer nuklearen Wechselwirkung zu tun haben und auch untereinander keine starke Wechselwirkung kennen (darunter verstehe ich die ungeheuer kraftvolle Interaktion von Kernenergie). Man bezeichnet sie als Leptonen: das Elektron, das auf dieser Skala nur über eine sehr geringe Masse, nämlich lediglich 0,510 Mev verfügt, sowie das μ-Meson, das Myon, das eine erheblich größere Masse hat – es ist 206mal schwerer als ein Elektron. Soweit wir nach allen bislang durchgeführten Experimenten sagen können, unterscheiden Elektron und Myon sich lediglich hinsichtlich der Masse. Bei beiden läuft alles auf die gleiche Weise ab, nur ist das eine eben schwerer als das andere. Warum ist das eine schwerer, welchen Zweck hat es überhaupt? Wir wissen es nicht. Darüber hinaus gibt es ein neutrales Lepton, Neutrino genannt; die Masse dieses Teilchens ist gleich null. Mittlerweile weiß man, es gibt *zwei* verschiedene Arten von Neutrinos; die eine hängt mit Elektronen, die andere mit Myonen zusammen.

Schließlich haben wir noch zwei Teilchen, die mit den nuklearen nicht in eine starke Wechselwirkung treten: ein Photon und vielleicht, falls das Gravitationsfeld auch eine quantenmechanische Entsprechung hat (eine Quantentheorie der Gravitation wurde bislang noch nicht ausgearbeitet), ein weiteres, ein Graviton mit einer Nullmasse.

Was ist diese »Nullmasse«? Bei den hier angegebenen Massen handelt es sich um die Massen der Teilchen *im Ruhezustand*. Hat ein Teilchen eine Nullmasse, so bedeutet dies in gewisser Hinsicht, es kann sich nie im Ruhezustand befinden. Ein Photon bewegt sich immer, und zwar mit einer Geschwindigkeit von 300 000 Kilo-

Kopplung	Stärke*	Gesetz
Photon an geladene Teilchen	$\sim 10^{-2}$	bekannt
Gravitation an jegliche Energie	$\sim 10^{-40}$	bekannt
Schwache Zerfälle	$\sim 10^{-5}$	teilweise bekannt
Mesonen an Baryonen	~ 1	unbekannt (einige Regeln sind bekannt)

Tabelle 2.3: Elementare Wechselwirkungen

metern pro Sekunde. Was unter Masse zu verstehen ist, wird uns eher klarwerden, sobald wir die Relativitätstheorie beherrschen, auf die wir zu gegebener Zeit zu sprechen kommen werden.

Wir sehen uns also einer großen Zahl von Teilchen gegenüber, die alle zusammen offenbar die grundlegenden Bestandteile von Materie sind. Glücklicherweise wechselwirken diese Teilchen nicht *alle* unterschiedlich miteinander. In der Tat scheint es lediglich *vier Arten* von Wechselwirkung zwischen Teilchen zu geben, bei denen es sich, in der Reihenfolge abnehmender Stärke, um die Kernkraft, elektrische Wechselwirkungen, die Betazerfallwechselwirkung und die Gravitation handelt. Das Photon ist an alle geladenen Teilchen gekoppelt, und die Stärke der Wechselwirkung wird mittels einer Zahl gemessen: $^{1}/_{137}$. Das Gesetz der Kopplung ist in seinen Einzelheiten bekannt – es handelt sich um die Quantenelektrodynamik. Gravitation ist an jegliche *Energie* gekoppelt, doch diese Kopplung ist äußerst schwach, weit schwächer als die von Elektrizität. Auch dieses Gesetz kennt man. Sodann gibt es noch den sogenannten schwachen Zerfall – den Betazerfall, bei dem das Neutron relativ langsam in Proton, Elektron und Neutrino auseinanderfällt. Dieses Gesetz kennen wir nur

---

* Die »Stärke« ist ein dimensionsloses Maß für die Kopplungskonstante, die bei allen Wechselwirkungen ins Spiel kommt. (~ bedeutet »annähernd«.)

zum Teil. Die sogenannte starke Wechselwirkung zwischen Mesonen und Baryonen hat auf unserer Skala den Wert 1; dieses Gesetz ist uns völlig unbekannt, wiewohl wir eine Reihe von Regeln kennen, etwa wie viele Baryonen sich bei keiner Reaktion verändern.

In einem solch grauenhaften Zustand befindet sich unsere Physik heute. Zusammenfassend möchte ich es so ausdrücken: Offenbar wissen wir über alles, was außerhalb des Kerns geschieht, Bescheid; und innerhalb des Kerns gelten die Regeln der Quantenmechanik – man kennt keinen Fall, in dem ihre Grundsätze sich nicht als zutreffend erwiesen hätten. Die Bühne, auf der all das abläuft, was wir wissen, wäre dann die relativistische Raumzeit; mit dieser steht möglicherweise die Gravitation in Zusammenhang. Über den Ursprung des Universums wissen wir nichts, und wir haben nie Experimente durchgeführt, um unsere Vorstellungen über Raum und Zeit unterhalb einer sehr geringen Entfernung genau zu überprüfen. Wir *wissen* also lediglich, daß unsere Ideen für diesen Bereich zutreffen. Außerdem sollten wir noch hinzufügen, daß es sich bei den Spielregeln um die Prinzipien der Quantenmechanik handelt, und diese gelten, soweit wir sagen können, für die neuen Teilchen ebenso wie für die alten. Die Frage nach dem Ursprung der Kräfte in den Kernen läßt uns neue Teilchen entdecken, doch unglücklicherweise treten sie in Hülle und Fülle auf, und wir verstehen ihr wechselseitiges Verhältnis nicht voll und ganz. Dennoch wissen wir bereits, daß zwischen ihnen etliche recht überraschende Beziehungen bestehen. Allmählich tasten wir uns offenbar an ein Verständnis der Welt der subatomaren Teilchen heran, doch wir wissen nicht, wie weit wir noch gehen müssen, ehe diese Aufgabe gelöst ist.

DREI

DAS VERHÄLTNIS DER PHYSIK ZU ANDEREN WISSENSCHAFTEN

Einführung

Physik ist nicht nur die grundlegendste und umfassendste Wissenschaft, sie übt auch nachhaltigen Einfluß auf die Entwicklungen in sämtlichen anderen wissenschaftlichen Bereichen aus. Im Grunde genommen ist Physik das heutige Äquivalent zu dem, was man als *Naturphilosophie* zu bezeichnen pflegte und aus dem der Großteil unserer modernen Naturwissenschaften erwuchs. Auch Studenten zahlreicher anderer Fachgebiete beschäftigen sich mit Physik, da sie für alle Phänomene von grundlegender Bedeutung ist. In diesem Kapitel wollen wir zu erklären versuchen, mit welchen elementaren Problemen andere Wissenschaften sich beschäftigen; allerdings ist es natürlich unmöglich, sich auf so beschränktem Raum eingehend mit den vielschichtigen, verwickelten, wunderschönen Untersuchungsgegenständen dieser anderen Bereiche auseinanderzusetzen. Der eng gesteckte Rahmen unserer Vorlesung läßt auch keine Erörterung der Beziehung zwischen Physik und den Ingenieurwissenschaften, der Industrie, der Gesellschaft, Krieg, nicht einmal das höchst bemerkenswerte Verhältnis zwischen Mathematik und Physik zu. (Von unserem Standpunkt aus handelt es sich bei Mathematik nicht um eine Wissenschaft, und zwar insofern nicht, als sie keine *Natur*wissenschaft ist. Der Prüfstein für ihre Gültigkeit ist nicht das Experiment.) Zudem müssen wir von vorneherein klarstellen, wenn etwas keine Wissenschaft ist, dann ist es deswegen nicht unbedingt etwas Minderwertiges. Beispielsweise ist Liebe keine Wissenschaft. Wenn wir also sagen, etwas sei keine Wissenschaft, dann heißt das nicht, daß irgend etwas damit nicht stimmt; es bedeutet lediglich: es ist keine Wissenschaft.

Chemie

Die am tiefgreifendsten von der Physik beeinflußte Wissenschaft ist wohl die Chemie. Historisch gesehen befaßte Chemie sich anfangs nahezu ausschließlich mit der mittlerweile so bezeichneten anorganischen Chemie, der Chemie von Substanzen, die in keinerlei Zusammenhang mit lebenden Dingen stehen. Es bedurfte beträchtlicher analytischer Anstrengungen, um derart viele Elemente und die Beziehungen zwischen ihnen zu entdecken – wie sie die verschiedenen relativ einfachen Verbindungen bilden, die wir in Felsen, Erde und so weiter finden. Für die Physik war diese frühe Chemie von großer Bedeutung. Die gegenseitige Befruchtung der beiden Wissenschaften war beträchtlich, da die Theorie der Atome weitgehend durch chemische Experimente erhärtet wurde. Die Theorie der Chemie, das heißt der Reaktionen, wurde großteils in Mendelejews Periodensystem zusammengefaßt, das zahlreiche merkwürdige Beziehungen zwischen den verschiedenen Elementen erkennen ließ; die Sammlung von Regeln, welche Substanz sich wie mit welcher verbindet, begründete die anorganische Chemie. Letztlich lassen sich alle diese Regeln im Prinzip mittels der Quantenmechanik erklären – theoretische Chemie ist also in Wirklichkeit Physik. Allerdings muß man betonen, diese Erklärung gilt nur *im Prinzip*. Daß es einen Unterschied macht, ob man nur die Spielregeln kennt oder ob man auch wirklich in der Lage ist, Schach zu spielen, haben wir bereits erwähnt. Es kann daher durchaus sein, daß wir zwar die Regeln kennen, aber trotzdem nicht besonders gut spielen können. Im Endeffekt ist es sehr schwierig, genau vorherzusagen, was bei einer bestimmten chemischen Reaktion geschieht. Dennoch werden die grundlegendsten Fragen der theoretischen Chemie immer zur Quantenmechanik zurückführen.

Zudem gibt es ein Sondergebiet der Physik und der Chemie, das beide Wissenschaften gemeinsam entwickelt haben und das von ungeheurer Bedeutung ist. Es handelt sich um die statistische Methode, die dann eingesetzt wird, wenn es um mechanische Gesetzmäßigkeiten geht; man nennt dieses Verfahren treffend *statistische Mechanik*. Bei jeder chemischen Konstellation sind viele Atome mit im Spiel, und wie wir gesehen haben, bewegen alle diese Atome sich ziemlich regellos und auf nur schwer durchschaubare Weise. Könnten wir jeden einzelnen Zusammenprall analysieren und die Bewegung jedes einzelnen Moleküls detailliert nachvollziehen, dann dürften wir hoffen, ausrechnen zu können, was geschehen wird. Da die vielen Zahlen, die nötig wären, um all diese Moleküle im Auge zu behalten, die Kapazität jedes Rechners übersteigen und unseren Verstand vollkommen überfordern, war es wichtig, ein Verfahren zu entwickeln, um mit derart komplizierten Gegebenheiten zurechtzukommen. Statistische Mechanik ist also die Wissenschaft von Phänomenen wie Wärme oder Thermodynamik. Anorganische Chemie beschränkt sich nun als Wissenschaft im wesentlichen auf die sogenannte physikalische Chemie und die Quantenchemie: die Physikochemie, um die Häufigkeit, mit der es zu Reaktionen kommt, und was dabei im einzelnen vor sich geht zu bestimmen (wie prallen die Moleküle aufeinander? Welche Teilstücke brechen als erste ab und so weiter), und die Quantenchemie, damit wir besser verstehen, was – in Begriffen der physikalischen Gesetze ausgedrückt – geschieht.

Der andere Teilbereich der Chemie ist die *organische Chemie*, die Chemie der Substanzen, die mit allem Lebendigen zu tun haben. Eine Zeitlang glaubte man, die Stoffe, die in Lebewesen vorkommen, seien so wundersam, daß sie nicht von Hand und aus anorganischen Bestandteilen zusammengesetzt werden könnten. Dies ist mitnichten der Fall – es handelt sich um genau die gleichen Substanzen wie die in der anorganischen Chemie hergestellten; allerdings sind die beteiligten Atome auf weit komplizitere Weise angeordnet. Es liegt auf der Hand, daß die organische Chemie eng mit der Biologie zusammenhängt, die ihr diese Substanzen liefert, ebenso mit der Industrie; zudem kann vieles aus der Physikochemie und der Quantenmechanik auf organische wie auch anorganische Verbindungen angewandt werden. Das betrifft jedoch nicht die Schlüsselfragen der organischen Chemie; diese drehen sich vielmehr um die Analyse und Synthese der Substanzen, die sich in biologischen Systemen, in Lebewesen also, bilden. Und das wiederum führt nahezu unmerklich, in kleinen Schritten, zur Biochemie und dann zur Biologie und Molekularbiologie.

Biologie

Und damit sind wir bei der Biologie angelangt, der Wissenschaft, die lebende Dinge erforscht. In der Frühzeit der Biologie mußten die Biologen sich mit dem Problem der bloßen Beschreibung befassen, mußten herausfinden, *was es an* Lebendigem gibt, und diese Dinge schlicht zählen. Nachdem dies, beflügelt von großem Interesse, geklärt war, wandten die Biologen sich den *Mechanismen* in Lebewesen zu, anfangs – verständlicherweise – nur in groben Umrissen, denn es bedarf einiger Mühe, hier ins Detail zu gehen.

In einer frühen Phase bestand eine interessante Beziehung zwischen Physik und Biologie: Die Biologie half der Physik bei der Entdeckung des Gesetzes von der *Erhaltung der Energie,* das als erster Mayer in Zusammenhang mit der Wärmemenge, die von einer lebenden Kreatur aufgenommen und abgegeben wird, demonstrierte.

Wenn wir die in lebenden Tieren ablaufenden biologischen Prozesse genauer betrachten, stellen wir fest, bei vielem handelt es sich um physikalische Phänomene: Blutkreislauf, Pumpen, Druck und so weiter. Sodann die Nerven: Wir wissen, was passiert, wenn wir auf ein spitzes Steinchen treten, und daß diese Information auf irgendeine Weise durch das Bein nach oben weitergeleitet wird. Wie dies geschieht, ist recht interessant. Im Rahmen ihrer Untersuchung der Nerven sind die Biologen zu dem Schluß gekommen, daß es sich dabei um ungemein feine Röhrchen oder Schläuche, umhüllt von einer dünnen Wand aus Bindegewebe, handelt. Durch diese Wand pumpt die Zelle Ionen, und – wie bei einem Kondensator – befinden sich auf der Außenseite positive, auf der Innenseite negative Ionen. Diese Membran hat eine auffällige Eigenschaft: »Entlädt« sie sich durch eine Stelle, das heißt, können einige Ionen an einer Stelle durchbrechen, so daß hier die elektrische Spannung abnimmt, macht diese elektrische Beeinflussung sich bei den Ionen in der Umgebung bemerkbar und wirkt sich auf die Membran in der Weise aus, daß sie auch an angrenzenden Stellen Ionen durchläßt. Dies wiederum wirkt sich ein Stückchen weiter aus und so fort. Auf diese Weise entsteht eine Welle der »Durchlässigkeit« der Membran entlang der Nervenfaser, wenn diese an einem Ende »erregt« wird, weil man auf ein spitzes Steinchen getreten ist. In gewisser Weise ist dies der Aneinanderreihung senkrecht stehender Dominosteine vergleichbar: Wird der letzte in der Reihe umgeworfen, stößt er den nächsten an und so weiter. Natürlich wird dabei nur eine Nachricht übermittelt, außer man stellt die Dominosteine erneut auf. Ähnliche Prozesse laufen in der Nervenzelle ab, mit denen die Ionen langsam wieder hinausgepumpt werden, um den Nerv für den nächsten Impuls aufnahmebereit zu machen. Aus diesem Grund wissen wir, was wir tun (oder doch zumindest, wo wir uns befinden). Die mit diesem Nervenimpuls zusammenhängenden elektrischen Effekte kann man natürlich mit Hilfe elektrischer Geräte feststellen. Und da es sich in der Tat um elektrische Effekte handelt, ist die Physik elektrischer Einflüsse ganz offensichtlich für ein Verständnis dieses Phänomens von wesentlicher Bedeutung.

Genau das Gegenteil findet statt, wenn von irgendeiner Stelle im Gehirn eine Botschaft durch einen Nerv gesandt wird. Was passiert dann am anderen Ende? Dort verzweigt der Nerv sich in dünne, kleine Dinger, die mit einer sogenannten Endplatte in der Nähe eines Muskels verbunden sind. Aus Gründen, die wir nicht genau verstehen, werden, sobald der Impuls das Nervenende erreicht, kleine Mengen einer Acetylcholin genannten chemischen Substanz abgefeuert (jeweils fünf bis zehn Moleküle gleichzeitig); sie wirken auf die Muskelfaser ein: bringen sie dazu, sich zusammenzuziehen – ganz einfach! Was veranlaßt den Muskel, sich zusammenzuziehen? Ein Muskel besteht aus einer Vielzahl dicht aneinandergelagerter Fasern, die zwei verschiedene Substanzen, Myosin und Actomyosin, enthalten; den Mechanismus, wie die durch das Acetylcholin ausgelöste chemische Reaktion die Ausmaße des Moleküls modifiziert, kennt man noch nicht. Die grundlegenden Prozesse, die im Muskel ablaufen und mechanische Bewegungen auslösen, sind also noch unbekannt.

Biologie ist ein derart weites Feld, daß es noch eine Unmenge anderer Probleme gibt, die wir hier nicht alle erwähnen können – etwa wie Sehen funktioniert (wie Licht sich auf das Auge auswirkt), wie das Hören und so weiter. (Wie wir *denken,* werden wir ein wenig später, im Unterabschnitt Psychologie, erörtern.) All diese biologischen Fragen, die wir eben angesprochen haben, sind vom Standpunkt des Biologen aus keineswegs von grundlegender Bedeutung; sie liegen nicht dem Leben zugrunde – denn selbst wenn wir sie verstünden, würden wir noch lange nicht wissen, was »Leben« ist. Um dies zu veranschaulichen: Die Wissenschaftler, die Nerven untersuchen, empfinden ihre Arbeit als sehr wichtig. Schließlich und endlich gibt es keine Tiere, die keine Nerven haben. Doch *Leben* ohne Nerven *kann* es sehr wohl geben. Pflanzen verfügen weder über Nerven noch Muskeln; trotzdem

sind sie lebendige, funktionierende Gebilde. Um uns den grundlegenden Fragen der Biologie zuzuwenden, müssen wir daher
etwas tiefer gehen; und wenn wir dies tun, stellen wir fest, allem
Lebendigen sind viele Eigenschaften gemeinsam. Das wichtigste
Merkmal ist, daß sie alle aus *Zellen* bestehen; jede Zelle birgt einen
komplizierten Mechanismus, damit bestimmte chemische Prozesse ablaufen können. Beispielsweise enthält eine Pflanzenzelle
einen Mechanismus, um Licht einzufangen und Saccharose zu
erzeugen, die im Dunkeln aufgebraucht wird, um die Pflanze am
Leben zu halten. Wird die Pflanze gefressen, löst der Zucker in
dem betreffenden Tier eine Reihe chemischer Reaktionen aus,
die der Photosynthese (und ihrem Gegenteil während der Dun-
kelheit) sehr ähnlich sind.

In den Zellen lebender Systeme laufen zahlreiche ausgeklügelte chemische Reaktionen ab, bei denen eine Verbindung in
eine andere und wieder eine andere umgewandelt wird. Um
Ihnen einen Eindruck von den ungeheuren Anstrengungen, die
man in das Studium der Biochemie investierte, zu vermitteln,
faßt Abb. 3.1 unser bisheriges Wissen über einen Bruchteil – etwa
ein Prozent – der vielen Reaktionen zusammen, die in Zellen
stattfinden.

Wir sehen hier eine ganze Reihe von Molekülen, die sich in
einer Abfolge oder einem Zyklus ziemlich kleiner Schritte vom
einen zum anderen verwandeln. Man bezeichnet dies als den
Krebs-Zyklus, bei dem es sich um den Atmungsvorgang handelt.
Alle chemischen Substanzen sind ebenso wie jeder einzelne
Schritt in Hinblick darauf, wie das Molekül sich verändert, recht
einfach, doch – und dies stellt eine Entdeckung von zentraler Bedeutung in der Biochemie dar – *im Labor ist es ziemlich schwierig,
diese Veränderungen zu bewerkstelligen.* Wenn wir eine Substanz und
eine weitere, sehr ähnliche Substanz haben, dann verwandelt die
eine sich nicht einfach in die andere, da die beiden Spielarten
normalerweise durch eine Energiesperre oder einen »Hügel«
voneinander getrennt sind. Stellen Sie sich einmal folgende Ana-

logie vor: Angenommen, wir wollen einen Gegenstand von einer Stelle zu einer anderen transportieren, auf gleicher Höhe, aber auf der anderen Seite eines Hügels; wir könnten ihn über den Gipfel rollen, doch dies erfordert zusätzliche Energie. Und so finden die meisten chemischen Reaktionen nicht statt, da eine sogenannte *Aktivierungsenergie* im Weg ist. Um unserer chemischen Substanz ein zusätzliches Atom zuzugesellen, müssen wir es so *nahe* heranbringen, daß eine Neuanordnung beziehungsweise Umgruppierung erfolgen kann; dann bleibt es haften. Können wir ihm jedoch nicht genügend Energie verleihen, um nahe genug heranzukommen, wird der Vorgang nicht abgeschlossen; das Atom wandert nur ein Stück weit den »Hügel« hinauf und dann wieder hinunter. Könnten wir allerdings die Moleküle buchstäblich in die Hand nehmen und die Atome so herumstoßen und -schieben, daß wir ein Loch aufreißen, in das das zusätzliche Atom schlüpfen kann, und dann das Ganze wieder zuschnappen lassen, hätten wir einen anderen Weg entdeckt: *um den Hügel herum;* dies erforderte keine zusätzliche Energie, und es wäre einfach, die Reaktion stattfinden zu lassen. Nun *gibt* es in der Tat in den Zellen *sehr* große Moleküle, viel größere als die, deren Veränderungen wir eben beschrieben haben; sie halten auf irgendeine komplizierte Weise die kleineren Moleküle genau in der richtigen Position, so daß die Reaktion ohne weiteres erfolgen kann. Diese sehr großen und komplizierten Dinger heißen Enzyme. (Ursprünglich nannte man sie Fermente, da man beim Gärungsprozeß von Zucker auf sie stieß. Tatsächlich wurde einige der Reaktionen in dem Zyklus ebenda entdeckt.) Ist ein solches Enzym vorhanden, findet die Reaktion statt.

Ein Enzym besteht aus einer anderen Substanz, dem *Protein*. Enzyme sind sehr groß, und ihre Struktur ist ungemein kompliziert; jedes einzelne ist anders, jedes ist für die Steuerung einer ganz bestimmten, speziellen Reaktion zuständig. Auf Abbildung 3.1 stehen die Namen der Enzyme jeweils bei jeder Reaktion. (Gelegentlich kann ein und dasselbe Enzym zwei Reaktio-

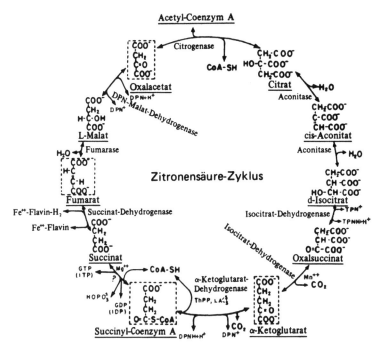

Abb. 3.1: Der Krebszyklus

nen kontrollieren.) Zu betonen ist, daß die Enzyme selbst nicht an den Reaktionen beteiligt sind. Sie verändern sich nicht; sie lassen lediglich ein Atom von einer Stelle zu einer anderen wandern. Anschließend beeinflußt das Enzym das nächste Molekül auf die gleiche Weise, wie am Fließband. Natürlich muß der Nachschub an bestimmten Atomen gewährleistet und für eine Möglichkeit gesorgt sein, andere Atome zu beseitigen. Sehen wir uns einmal Wasserstoff an: Einige Enzyme verfügen über bestimmte Einheiten, die bei allen chemischen Reaktionen den Wasserstoff befördern. Beispielsweise gibt es drei, vier wasserstoffreduzierende Enzyme, die innerhalb des gesamten Zyklus an verschiedenen Stellen eingesetzt werden. Interessanterweise setzt diese Maschinerie an der einen Stelle Wasserstoff frei und nimmt ihn, um ihn an einer anderen zu verwenden.

Der wichtigste Vorgang in dem auf Abbildung 3.1 dargestellten Zyklus ist die Umwandlung von GDP zu GTP (Guanadin-Diphosphat zu Guanadin-Triphosphat), da die eine Substanz über weit mehr Energie verfügt als die andere. So wie bestimmte Enzyme eine »Kiste« haben, in der sie Wasserstoffatome hin und her transportieren, so gibt es auch »Kisten« zur Beförderung von *Energie*; sie stehen in Zusammenhang mit der Triphosphat-Gruppe. GTP hat also mehr Energie als GDP; läuft der Zyklus nun in der einen Richtung ab, werden Moleküle mit zusätzlicher Energie hergestellt, die einen anderen Zyklus in Gang halten, der Energie *braucht,* beispielsweise eine Muskelkontraktion. Der Muskel zieht sich nur zusammen, wenn GTP vorhanden ist. Wir könnten eine Muskelfaser nehmen, sie in Wasser legen und GTP hinzufügen; dann zieht der Muskel sich zusammen und wandelt, falls die richtigen Enzyme vorhanden sind, GTP zu GDP um. Der eigentlich wichtige Prozeß ist also die Umwandlung von GDP zu GTP; im Dunkeln wird das im Verlauf des Tages gespeicherte GTP aufgebraucht, um den Zyklus in umgekehrter Richtung ablaufen zu lassen. Einem Enzym ist es gleichgültig, in welcher Richtung die Reaktion verläuft, denn sonst verstieße es gegen eines der Gesetze der Physik.

Die Physik ist noch aus einem weiteren Grund für die Biologie und andere Naturwissenschaften von großer Bedeutung, und zwar in Hinblick auf *experimentelle Techniken*. Wir hätten heute keine der biochemischen Tabellen, hätte sich die experimentelle Physik nicht so beachtlich weiterentwickelt – aus dem einfachen Grund, weil es für die Analyse dieses phantastisch komplexen Systems ungemein nützlich ist, die an den Reaktionen beteiligten Atome zu *markieren*. Könnten wir beispielsweise ein Kohlendioxidatom, das »grün markiert« ist, in unseren Zyklus einfügen und dann drei Sekunden später messen, wo die grüne Markierung sich befindet, das gleiche dann nach zehn Sekunden wiederholen und so weiter, könnten wir den Ablauf der Reaktion nachvollziehen. Worum handelt es sich bei diesen »grünen Markierungen«? Um verschiedene *Isotope.* Sie erinnern sich, die chemischen Eigenschaften von Atomen hängen von der Anzahl der *Elektronen,* nicht von der Masse des Kerns ab. Nun kann jedoch beispielsweise ein Kohlenstoff außer den sechs in allen Kohlenstoffkernen vorhandenen Protonen sechs oder aber sieben Neutronen haben. Vom Chemischen her sind die beiden Atome C^{12} und C^{13} gleich, doch sie unterscheiden sich hinsichtlich ihres Gewichts und der Eigenschaften ihrer Kerne; man kann sie also ohne weiteres auseinanderhalten. Wenn wir diese Isotope mit jeweils unterschiedlichem Gewicht oder sogar das radioaktive Isotop C^{14} verwenden, die uns ein weit genaueres Verfahren zum Aufspüren sehr kleiner Mengen zur Verfügung stellen, ist es möglich, den Ablauf der Reaktionen zu verfolgen.

Nun wollen wir uns wieder der Beschreibung von Enzymen und Proteinen zuwenden. Nicht alle Proteine sind Enzyme, doch alle Enzyme sind Proteine. Es gibt zahlreiche Proteine, etwa die in Muskelgewebe, die Strukturproteine beispielsweise in Knorpeln und Haaren, Haut und so weiter, die keine Enzyme sind. Allerdings sind Proteine eine äußerst charakteristische Substanz von Leben: Erstens bestehen sämtliche Enzyme aus Proteinen, und zweitens setzen sich auch alle übrigen lebenden Substanzen weitgehend aus Proteinen zusammen. Proteine haben eine ungemein interessante und sehr einfache Struktur. Sie stellen eine Aneinanderreihung oder Kette verschiedener *Aminosäuren* dar. Es gibt zwanzig verschiedene Aminosäuren; sie alle können verschiedene Kombinationen miteinander eingehen, um Ketten zu bilden, deren »Fädelung« CO-NH und so weiter ist. Proteine sind nichts anderes als Ketten aus verschiedenen Aminosäuren. Jede dieser zwanzig Aminosäuren dient vermutlich einem besonderen Zweck. Einige besitzen beispielsweise an einer bestimmten Stelle ein Schwefelatom; befinden sich in ein und demselben Protein zwei Schwefelatome, binden sie sich aneinander, das heißt, sie verknüpfen die Kette an zwei Stellen und bilden so eine Schleife.

Ein anderes besitzt zusätzliche Sauerstoffatome, die es zu einer sauren Substanz machen, während wiederum ein anderes basische Eigenschaften aufweist. Bei einigen hängen auf der einen Seite große Anhäufungen heraus, so daß sie beträchtlichen Raum in Anspruch nehmen. Eine der Aminosäuren, Prolen, ist eigentlich gar keine Amino-, sondern eine Iminosäure. Zwischen diesen beiden besteht ein geringfügiger Unterschied, und das hat zur Folge, daß die Kette einen Knick aufweist, wenn Prolen vorhanden ist. Wollten wir ein bestimmtes Protein herstellen, würden wir folgende Anweisungen erteilen: Bring einen dieser Schwefelhaken hier an; füge als nächstes etwas hinzu, das viel Platz einnimmt, und hänge dann etwas an, das die Kette knickt. Auf diese Weise erhalten wir eine ineinander verhakte Kette, die sehr kompliziert aussieht und eine komplexe Struktur hat; vermutlich werden all die verschiedenen Enzyme auf genau diese Weise gebildet. Einer der größten Triumphe in neuerer Zeit (1960) war es, als man endlich die genaue räumliche Anordnung der Atome bestimmter Proteine entdeckte, in denen sich etwa sechsundfünfzig bis sechzig Aminosäuren aneinanderreihen. Man entdeckte in zwei Proteinen weit mehr als tausend Atome (eigentlich fast zweitausend, wenn wir die Wasserstoffatome dazurechnen), die ein kompliziertes Muster bilden. Das erste war Haemoglobin. Bedauerlich ist nur, daß dieses Muster uns nichts darüber sagt, warum das Ganze so und nicht anders funktioniert. Das ist natürlich das nächste Problem, das es anzugehen gilt.

Ein weiteres Problem ist, woher die Enzyme wissen, was sie sein sollen. Eine rotäugige Fliege bekommt ein rotäugiges Fliegenbaby; die Informationen für die Anordnung der Enzyme zur Herstellung des roten Pigments werden also von einer Fliege an die nächste weitergegeben. Dies übernimmt eine DNA (die Abkürzung für Desoxyribonucleinsäure) genannte Substanz im Zellkern, die kein Protein ist. Es handelt sich dabei um die Schlüsselsubstanz, die von einer Zelle an die andere weitergegeben wird (beispielsweise bestehen Spermienzellen weitgehend aus DNA) und die Informationen auf sich trägt, wie die Enzyme produziert werden. DNA ist die »Blaupause«. Wie sieht diese Blaupause aus und wie funktioniert sie? Erstens muß die Blaupause in der Lage sein, sich selber zu reproduzieren. Zweitens muß sie dem Protein Anweisungen erteilen können. Was die Reproduktion betrifft, könnten wir meinen, dies laufe wie bei der Vervielfältigung von Zellen ab. Zellen werden einfach immer größer und teilen sich dann in zwei Hälften. Muß es also bei den DNA-Molekülen genauso sein, müssen auch sie größer werden und sich dann zweiteilen? Das ganz gewiß nicht: Kein *Atom* wird größer und zweiteilt sich dann! Nein, es ist unmöglich, ein Molekül zu reproduzieren – außer auf ganz raffinierte Weise.

Man erforschte die Struktur der DNA sehr lange, zuerst chemisch, um die Zusammensetzung festzustellen, dann mittels Röntgenstrahlen, um ihre Anordnung im Raum zu erkennen. Das Ergebnis war folgende bemerkenswerte Entdeckung: Das DNA-Molekül besteht aus zwei um- und ineinandergeschlungenen Ketten. Das Rückgrat einer jeden dieser beiden Ketten, die den Proteinketten zwar analog sind, sich vom Chemischen her jedoch beträchtlich von ihnen unterscheiden, besteht aus einer Aneinanderreihung von Zucker- und Phosphatgruppen (siehe Abbildung 3.2). Nun wird uns auch klar, wieso die Kette Anweisungen enthalten kann, denn könnten wir sie entlang der Mitte spalten, erhielten wir eine Aneinanderreihung BAADC ... Und bei jedem Lebewesen sähe diese Abfolge anders aus. Daher sind möglicherweise die spezifischen *Anweisungen* für die Herstellung von Proteinen irgendwie in der spezifischen *Aufeinanderfolge* der Bausteine der DNA enthalten.

An jedem Zucker in dieser Aneinanderreihung hängen bestimmte Paare von Querbindungen, die die beiden Ketten zusammenhalten. Allerdings sehen sie nicht alle gleich aus· Es gibt vier Arten; man bezeichnet sie als Adenin, Thymin, Cytosin und Guanin; wir nennen sie jetzt einfach A, B, C, D. Das Interessante ist nun, nur bestimmte Paare können einander gegenüberstehen,

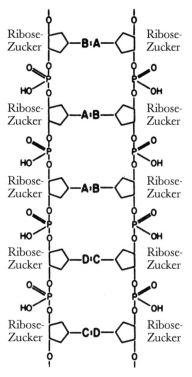

Abb. 3.2: Schematisches Diagramm der DNA

beispielsweise A und B sowie C und D. Diese Paare sind auf den beiden Ketten so angeordnet, daß sie »zusammenpassen«, und verfügen über eine große Wechselwirkungsenergie. Hingegen passen C nicht mit A und B nicht mit C zusammen; es funktioniert nur paarweise, A und B – C und D. Wenn also das eine C ist, muß das andere D sein und so weiter. Welche Buchstaben auch immer sich auf einer Kette befinden, jedem muß auf der anderen Kette der spezifische komplementäre Buchstabe gegenüberstehen.

Und was ist mit der Reproduktion? Angenommen, wir spalten die Kette in zwei Stränge. Wie können wir eine weitere herstellen, die genauso aussieht? Vorausgesetzt, in den Zellsubstanzen ist eine

Herstellungsabteilung eingebaut, die Phosphate, Zucker sowie A-, B-, C- und D-Einheiten liefert, dann hängen sich nur die richtigen, BAADC ... komplementären an unsere abgespaltene Kette an, nämlich ABBCD ... Folgendes passiert also: Während der Zellteilung spaltet die Kette sich in der Mitte; die eine Hälfte bleibt letztlich in der einen Zelle, die zweite wandert in eine andere; wird also eine solche Kette gespalten, produziert jede Halbkette eine neue, ihr komplementäre Kette.

Als nächstes taucht die Frage auf, auf welche Weise genau bestimmt die Reihenfolge der A-, B-, C- und D-Einheiten die Anordnung der Aminosäuren in dem Protein? Das ist heute das zentrale ungelöste Problem in der Biologie. Es gibt einige erste Hinweise, Informationsbruchstücke, und zwar: Die Zellen enthalten winzige, Mikrosomen genannte Teilchen, und man weiß, hier werden die Proteine hergestellt. Allerdings befinden die Mikrosomen sich nicht im Zellkern wie die DNA mitsamt ihren Bauanleitungen. Irgend etwas scheint hier abzulaufen. Zudem weiß man, daß sich kleine Moleküle von der DNA lösen – sie sind nicht so lang wie die DNA, die sämtliche Informationen trägt, sondern sozusagen kleine Ausschnitte daraus. Man bezeichnet sie als RNA, doch das ist nicht so wichtig. Es handelt sich um eine Art Kopie der DNA, eine Kurzkopie. Die RNA, die irgendwie eine Botschaft trägt, welche Art Protein hergestellt werden soll, wandert zu dem Mikrosom; auch das weiß man. Wenn sie dort anlangt, wird bei dem Mikrosom Protein zusammengebaut; dies weiß man ebenfalls. Die Einzelheiten, wie die Aminosäuren hinzukommen und in Übereinstimmung mit einem Code auf der RNA angeordnet werden, kennt man allerdings nach wie vor nicht. Wir haben keine Ahnung, wie wir diesen Code lesen sollen. Selbst wenn wir beispielsweise wüßten, die Aufeinanderfolge lautet A, B, C, C A, könnten wir trotzdem nicht sagen, welches Protein hergestellt wird.

Zweifelsohne erzielt man derzeit auf keinem Gebiet an so vielen Fronten mehr Fortschritte als in der Biologie. Sollten wir die aussagekräftigste aller Annahmen nennen, die einen bei dem

Versuch, Leben zu verstehen, immer weiter führt, dann wäre es folgende: *Alle Dinge bestehen aus Atomen,* und alles, was lebende Dinge tun, läßt sich in Begriffen des Herumhüpfens und -schlängelns der Atome verstehen.

Astronomie

Fahren wir mit unserer Erklärung der Welt im Sturmschritt fort und wenden wir uns nun der Astronomie zu. Die Astronomie ist älter als die Physik. Sie legte sogar den Grundstein zur Physik, da sie auf die wunderschöne Einfachheit der Bewegung der Sterne und Planeten hinwies; deren Verständnis war der *Beginn* der Physik.

Die bemerkenswerteste Entdeckung in der gesamten Astronomie ist, *daß die Sterne aus Atomen bestehen, die von der gleichen Art sind wie die auf der Erde.** Wie kam man da dahinter? Atome setzen Licht frei, das bestimmte Frequenzen hat, etwa der Klangfarbe eines Musikinstruments vergleichbar, das eine bestimmte Tonlage oder Klangfrequenzen hat. Wenn wir verschiedenen Tönen lauschen, können wir sie unterscheiden, doch wenn unsere Augen eine Farbmischung betrachten, können wir die einzelnen Bestandteile, aus denen sie sich zusammensetzt, nicht unterscheiden, da das Auge in diesem Zusammenhang bei weitem nicht so

---

* Wie schnell ich all das abhandle! Und wieviel jeder einzelne Satz in diesem kurzen geschichtlichen Abriß beinhaltet. »Die Sterne bestehen aus den gleichen Atomen wie die Erde.« Normalerweise greife ich solch ein Einzelthema auf, um eine ganze Vorlesung darüber zu halten. Die Dichter behaupten, Wissenschaft beraube die Sterne ihrer Schönheit – stelle sie als bloße Anhäufungen von Gasatomen dar. Nichts ist »bloß«. Auch ich sehe die Sterne in einer Wüstennacht, und ich spüre sie. Sehe ich nun mehr oder weniger? Die Weite des Himmels läßt meine Phantasie schweifen – diesem Karussell verhaftet, sieht mein Auge Licht, das eine Million Jahre alt ist. Ein ungeheuer weit sich erstreckendes Muster – von dem ich ein Teil bin –: vielleicht

empfindlich ist wie das Gehör. Mit einem Spektroskop *können* wir jedoch die Frequenzen von Lichtwellen sehr wohl analysieren und auf diese Weise die Abstimmung der Atome in den verschiedenen Sternen sehen. Tatsächlich wurden zwei chemische Elemente auf einem Stern entdeckt, ehe man sie auch auf der Erde nachweisen konnte: Helium fand man in der Sonne – daher auch sein Name –, und Technetium wurde in bestimmten kalten Sternen entdeckt. Daß sie aus der gleichen Art von Atomen bestehen, wie wir sie auf der Erde finden, erleichtert uns natürlich das Verständnis der Sterne. Über Atome wissen wir eine ganze Menge, insbesondere wie sie sich bei sehr hohen Temperaturen, aber nur geringer Dichte verhalten; daher können wir mit Hilfe der statistischen Mechanik auch das Verhalten stellarer Substanzen analysieren. Selbst wenn wir diese Bedingungen hier auf der Erde nicht nachstellen können, sind wir doch oft in der Lage, anhand der grundlegenden physikalischen Gesetze genau oder in sehr guter Näherung zu sagen, was passieren wird.

Die Physik hilft also der Astronomie. So seltsam dies auch erscheinen mag, wir verstehen die Verteilung von Materie im Inneren der Sonne weit besser als das Erdinnere. Was im *Inneren* eines Sterns abläuft, ist uns um vieles klarer, als man angesichts der Erschwernis, durch ein Teleskop einen winzigen Lichtpunkt betrachten zu müssen, meinen möchte. Denn meistens können wir

wurde der Stoff, aus dem ich gemacht bin, von einem vergessenen Stern ausgespuckt, so wie der da drüben spuckt. Oder ich betrachte sie durch das größere Auge des Palomar, wie sie alle von einem gemeinsamen Ausgangspunkt auseinanderstreben, an dem sie sich vielleicht alle befanden. Was ist das Muster, die Bedeutung – das Warum? Es tut dem Geheimnis keinerlei Abbruch, wenn man ein wenig darüber weiß. Denn um wie vieles wundersamer ist die Wahrheit als alles, was irgendwelche Künstler der Vergangenheit sich vorstellten! Warum sprechen die heutigen Dichter nicht davon? Was für Menschen sind Dichter, die von Jupiter sprechen können, als sei er ein Mensch, und die verstummen, wenn es eine unermeßliche, sich um sich selber drehende Kugel aus Methan und Ammoniak ist?

berechnen, wie die Atome in den Sternen sich unter bestimmten Voraussetzungen verhalten sollten.

Eine der eindrucksvollsten Entdeckungen war die des Ursprungs der Sternenenergie, dessen, was sie am Leuchten hält. Einer, der dies entdeckte, war ein junger Mann, der in der Nacht, nachdem ihm klargeworden war, daß in den Sternen *nukleare Reaktionen* ablaufen müssen, damit sie strahlen, mit seiner Freundin spazierenging. Sie meinte: »Schau nur, wie schön die Sterne leuchten!« Und er erwiderte: »Ja, und in diesem Augenblick bin ich der einzige Mensch auf der Welt, der weiß, *warum* sie leuchten.« Sie lachte ihn nur aus, war nicht im mindesten beeindruckt davon, mit dem einzigen Mann zusammenzusein, der in ebendiesem Augenblick wußte, warum Sterne leuchten. Nun, es ist traurig, so ganz allein zu sein, aber so ist es nun mal auf dieser Welt.

Die nukleare »Verbrennung« von Wasserstoff liefert der Sonne die Energie; der Wasserstoff wird in Helium umgewandelt. Darüber hinaus erfolgt die Herstellung verschiedener chemischer Elemente aus Wasserstoff letztlich im Inneren der Sterne. Der Stoff, aus dem *wir* gemacht sind, wurde einst in einem Stern »gekocht« und dann ausgespuckt. Woher wir das wissen? Es gibt einen Hinweis. Die Verteilung der verschiedenen Isotope – wieviel C^{12}, wieviel C^{13} und so weiter – verändert sich bei *chemischen* Reaktionen nie, da diese bei beiden sehr ähnlich sind. Das Verhältnis der beiden zueinander ist einzig und allein die Folge von *Kern*reaktionen. Wenn wir das Verhältnis der Isotope in der kalten, toten Glut, die wir sind, betrachten, entdecken wir, wie der *Brennofen* wohl ausgesehen hat, in dem der Stoff, aus dem wir gemacht sind, hergestellt wurde. Dieser Brennofen war den Sternen gleich, daher ist es sehr wahrscheinlich, daß unsere Elemente in den Sternen »hergestellt« und bei Explosionen, die wir als Novae und Supernovae bezeichnen, ausgespuckt wurden. Astronomie ist mit der Physik so eng verwandt, daß wir uns im weiteren Verlauf mit einer Menge astronomischer Dinge befassen werden.

Geologie

Wenden wir uns nun dem zu, was man als die *Wissenschaften von der Erde* oder *Geologie* bezeichnet. Zuerst zur Meteorologie und zum Wetter. Natürlich handelt es sich bei den *Instrumenten,* deren sich die Meteorologen bedienen, um physikalische, im Lauf der Entwicklung der experimentellen Physik ersonnene Apparate; das haben wir bereits an früherer Stelle geklärt. Den Physikern gelang es jedoch nicht, eine zufriedenstellende Theorie der Meteorologie auszuarbeiten. »Na ja«, sagen Sie jetzt vielleicht, »wir haben nichts weiter als Luft, und wir kennen die Gleichungen dafür, wie Luft sich bewegt.« Stimmt. »Wenn wir also die Luftverhältnisse von heute kennen, wieso können wir dann nicht die von morgen ausrechnen?« Erstens wissen wir nicht *wirklich,* welche Luftverhältnisse heute herrschen, da die Luft überall umherwirbelt und -strömt. Sie reagiert höchst empfindlich und erweist sich sogar als instabil. Haben Sie je Wasser ruhig über eine Staustufe fließen und dann in eine Unmenge von Tropfen und kleinere Wassermengen zerstäuben sehen, sobald es nach unten fällt? Nun, dann wissen Sie, was ich unter instabil verstehe. Sie kennen den Zustand des Wassers, ehe es über die Dammschwelle rinnt; es fließt völlig ruhig dahin. Doch in dem Augenblick, da es nach unten stürzt, wo beginnen da die Tropfen? Was bestimmt, wie groß die »Wasserklumpen« sind und wo sie sich befinden? Man weiß es nicht, denn Wasser ist instabil. Selbst eine ruhig dahinströmende Luftmasse verwandelt sich, sobald sie einen Berg überquert, in komplizierte Luftwirbel und -strudel. Übrigens finden wir diesen Zustand einer *turbulenten Strömung,* den wir noch nicht analysieren können, in vielen Bereichen. Wenden wir uns also schnell vom Thema Wetter ab und der Geologie zu!

Die grundlegende Frage in der Geologie lautet: Was macht die Erde so, wie sie ist? Die offenkundigsten Vorgänge spielen sich unmittelbar vor Ihren Augen ab: die Erosion durch Flüsse, Wind und so weiter. Diese zu verstehen ist nicht weiter schwierig, doch im Gegenzug zu jeder noch so geringen Verwitterung läuft in gleichem Maße etwas anderes ab. Die Berge sind heute im Durchschnitt nicht niedriger als früher. Es müssen daher irgendwelche gebirgsbildenden Vorgänge stattfinden. Wenn Sie Geologie studieren, werden Sie feststellen, es existieren in der Tat solche Prozesse sowie Vulkanismus, die kein Mensch versteht, die jedoch die Hälfte der Geologie ausmachen. Das Phänomen Vulkane ist bei weitem noch nicht geklärt. Und letztlich versteht man auch nicht, wie es zu einem Erdbeben kommt. Man weiß, irgend etwas stößt irgend etwas anderes an, das auseinanderbricht und ins Rutschen gerät – so weit, so gut. Doch was schiebt und warum? Laut einer Theorie gibt es im Erdinneren Strömungen – aufgrund des Temperaturunterschieds zwischen drinnen und draußen zirkulierende Strömungen –, die durch ihre Bewegung die Oberfläche leicht verschieben. Befinden sich also zwei einander entgegengesetzte Zirkulationen dicht nebeneinander, dann wird in der Gegend, wo sie aufeinandertreffen, Materie angesammelt und zu Bergketten aufgeschoben, die unglücklicherweise unter starker Spannung stehen und so Vulkane entstehen lassen und Erdbeben auslösen.

Und was ist mit dem Erdinneren? Man weiß ziemlich genau über die Geschwindigkeit von Bebenwellen durch die Erde und die Dichteverhältnisse der Erde Bescheid. Allerdings gelang es den Physikern nicht, eine wirklich aussagekräftige Theorie zu entwickeln, welche Dichte eine Substanz bei den Druckverhältnissen, wie man sie im Erdinneren erwartet, haben sollte. Mit anderen Worten: Wir können die Eigenschaften von Materie unter solchen Bedingungen kaum berechnen. Was die Erde betrifft, stellen wir uns weit ungeschickter an als bei den Zuständen von Materie in den Sternen. Die dazu erforderliche Mathematik ist offenbar ein wenig zu kompliziert, zumindest bisher, doch vielleicht dauert es nicht mehr allzu lange, bis irgend jemandem klar wird, daß es sich hier um ein gewichtiges Problem handelt, und dieser Jemand sich daranmacht, es wirklich zu lösen. Der zweite Gesichtspunkt ist natürlich, daß wir, selbst wenn wir die Dichte kennen würden, die zirkulierenden Strömungen ebensowenig berechnen könnten wie das Verhalten von Gestein unter hohem Druck. Wir können nicht sagen, wie schnell Felsen »nachgeben«; all dies muß mittels Experimenten geklärt werden.

Psychologie

Als nächstes wollen wir uns die Psychologie ansehen. Ganz nebenbei bemerkt, Psychologie ist gar keine Wissenschaft – sie ist bestenfalls ein medizinisches Verfahren, und selbst dann gleicht sie wohl eher Wunderheilungen und Geisterbeschwörungen. Sie hat eine Theorie über die Gründe für Erkrankungen entwickelt – jede Menge verschiedener »Geister« und so weiter sind daran schuld. Der Medizinmann hat eine Theorie, der zufolge eine Krankheit wie Malaria durch einen Luftgeist verursacht wird; doch man kuriert sie nicht, indem man eine Schlange über dem Haupt des Kranken schüttelt, sondern mit Chinin. Wenn Sie also krank sind, würde ich Ihnen raten, zum Medizinmann zu gehen, denn er ist der Stammesangehörige, der am besten über die Krankheit Bescheid weiß; andererseits ist sein Wissen keine Wissenschaft. Bislang wurde die Psychoanalyse nicht sorgfältig durch Experimente überprüft, und nirgendwo wird man eine Auflistung finden, in wie vielen Fällen sie hilft und in wie vielen nicht und so weiter.

Die anderen Bereiche der Psychologie, bei denen es um Themen wie die Physiologie der Sinneswahrnehmungen geht – was im Auge abläuft, was im Gehirn vor sich geht –, sind, wenn Sie so wollen, nicht sonderlich interessant. Allerdings kann man auf diesen Gebieten einige kleine, dafür aber »echte« Erfolge verbuchen. Eines der interessantesten technischen Probleme kann man als Psychologie bezeichnen oder auch nicht, ganz wie es einem beliebt. Das Kernproblem hinsichtlich des Denkens oder des Nervensystems ist folgendes: Wenn ein Tier etwas lernt, kann es anschließend eine andere Handlung ausführen als vorher; folglich muß sich auch in den Gehirnzellen, falls sie aus Atomen bestehen, etwas verändert haben. *Inwiefern hat sich etwas verändert?* Wir wissen nicht, wo oder wonach wir suchen sollen, wenn etwas im Gedächtnis gespeichert wird. Wir wissen nicht, was es bedeutet oder welcher Veränderung das Nervensystem unterliegt, wenn man etwas lernt. Es handelt sich hier um ein sehr gewichtiges Problem, von dessen Lösung man noch weit entfernt ist. Doch selbst wenn man davon ausgeht, daß es so etwas wie ein Gedächtnis gibt, ist das Gehirn doch eine so ungeheure Ansammlung miteinander verbundener Drähte und Nerven, daß man es höchstwahrscheinlich nicht auf direktem Weg analysieren kann.

Man kann dies mit Rechenmaschinen und -elementen vergleichen, die in gewisser Weise analog sind: auch in ihnen gibt es jede Menge Verbindungen; zudem verfügen sie über ein Bauteil, das möglicherweise der Synapse, der Verbindungsstelle zwischen zwei Nerven, entspricht. Ein sehr interessantes Thema, auf das wir hier jedoch nicht näher eingehen können – die Beziehung zwischen Denken und Rechenmaschinen. Natürlich muß man sich klarmachen, dies würde uns über die tatsächliche Vielschichtigkeit normalen menschlichen Verhaltens kaum Aufschluß geben. Die Menschen sind eben alle grundverschieden. Es wird noch sehr lange dauern, bis wir so weit sind. Wir müssen viel weiter zurückgehen. Wenn wir nur herausfinden könnten, wie ein Hund funktioniert, dann wäre schon viel erreicht. Hunde sind leichter zu verstehen, doch noch weiß kein Mensch, wie Hunde funktionieren.

Wie ist alles so gekommen?

Damit Physik sich in *theoretischen Fragen* anderen Wissenschaften als nützlich erweisen kann – also nicht nur, um irgendwelche Instrumente und Apparate zu erfinden –, muß die jeweilige Wissenschaft dem Physiker eine Beschreibung des Untersuchungsgegenstandes in der Sprache des Physikers liefern. Zwar können sie durchaus fragen: »Warum hüpft ein Frosch?«, doch darauf kann der Physiker ihnen keine Antwort geben. Erklären sie ihm jedoch, was ein Frosch ist, daß soundso viele Moleküle vorhanden sind, daß sich hier ein Nerv befindet und so weiter, dann ist das etwas anderes. Wenn sie uns mehr oder weniger genau sagen, wie die Erde und die Sterne beschaffen sind, können wir etwas damit anfangen. Damit eine physikalische Theorie von Nutzen ist, müssen wir wissen, wo die Atome sich befinden. Um die chemische Zusammensetzung von etwas zu verstehen, müssen wir genau wissen, welche Atome vorhanden sind, sonst können wir die Substanz nicht analysieren. Und das ist natürlich nur eine von vielen Einschränkungen.

In den Schwesterwissenschaften gibt es eine andere *Art* von Problemstellung, die in der Physik nicht existiert; in Ermangelung eines zutreffenderen Begriffs könnten wir sie als die historische Frage bezeichnen. Wie ist alles so gekommen? Wenn wir in der Biologie alles verstehen, möchten wir wahrscheinlich auch wissen, wie all die Dinge auf der Erde hierhergelangt sind. Dies ist die Theorie der Evolution, ein wichtiger Teilbereich der Biologie. Was die Geologie betrifft, so wollen wir nicht nur wissen, wie Gebirge entstehen, sondern wie die ganze Erde entstanden ist, wie das Sonnensystem und so weiter. Und das führt uns natürlich zu Fragen wie der, welche Art von Materie ursprünglich existierte. Wie sind die Sterne entstanden? Wie sahen die Anfangsbedingungen aus? Mit diesem Problem befaßt sich die astronomische Geschichte. Man hat eine Menge über die Entstehung von Sternen, die Herausbildung der Elemente, aus denen wir bestehen, und sogar ein wenig über den Ursprung des Universums herausgefunden.

In der Physik beschäftigt man sich zur Zeit nicht mit derlei Fragen. Eine Frage der Art: »Hier haben wir die physikalischen Gesetze – wie haben sie sich so entwickelt?« stellen wir nicht. Derzeit zumindest rechnen wir nicht damit, daß die Gesetze der Physik sich mit der Zeit irgendwie ändern, daß sie in der Vergangenheit anders aussahen als jetzt. Natürlich *könnte* das so sein, und in dem Augenblick, da wir feststellen, es *ist* so, werden wir die historische Frage der Physik mit der Frage nach der Geschichte des Universums verknüpfen. Und dann wird ein Physiker über die gleiche Art von Problemen reden wie Astronomen, Geologen und Biologen.

Und schließlich gibt es ein physikalisches Problem, das sich in vielen Bereichen stellt: ein sehr altes Problem, das jedoch noch immer nicht gelöst ist. Es geht nicht darum, neue Elemenarteilchen zu entdecken, sondern um etwas, das seit langer Zeit – seit mehr als hundert Jahren – schlicht liegengeblieben ist. Kein Physiker war wirklich in der Lage, es mathematisch zufriedenstellend zu analysieren, obwohl es für die Schwesterwissenschaften sehr wichtig ist. Es handelt sich um die Analyse *zirkulierender oder turbulenter Flüssigkeiten.* Wenn wir die Entstehung eines Sterns beobachten, gelangen wir an einen Punkt, an dem wir ableiten können, daß es nun zu einer Konvektion kommen wird; doch dann sind wir mit unserer Weisheit am Ende. Ein paar Millionen Jahre später explodiert der Stern, doch wir kommen nicht dahinter, warum. Wir können das Wetter nicht analysieren. Und wir wissen nichts über die Bewegungsmuster im Erdinneren. Am einfachsten läßt dieses Problem sich folgendermaßen veranschaulichen: Wir nehmen eine sehr lange Röhre und pumpen mit hoher Geschwindigkeit Wasser hindurch. Und dann fragen wir: Welchen Druck müssen wir ausüben, um eine gegebene Menge Wasser durch die Röhre zu pumpen? Niemand kann dies ausgehend von

Grundprinzipien und den Eigenschaften von Wasser analysieren. Fließt das Wasser sehr langsam oder haben wir eine zähflüssige Masse wie Honig, dann geht das ohne weiteres. Das können Sie in Ihrem Lehrbuch nachlesen. Doch es gelingt uns einfach nicht, diese Frage zu lösen, wenn es um echtes nasses Wasser geht, das durch eine Röhre fließt. Das ist das Kernproblem, das wir eines Tages lösen sollten, aber bislang nicht geschafft haben.

Ein Dichter sagte einmal: »Das ganze Universum ist in einem Glas Wein eingefangen.« Wahrscheinlich werden wir nie wissen, wie er dies wirklich meinte, denn Dichter schreiben nicht, um verstanden zu werden. Doch es stimmt: Wenn wir ein Glas Wein wirklich eingehend betrachten, entdecken wir darin das gesamte Universum. Zum Beispiel die Dinge, mit denen die Physik sich befaßt – die umherwirbelnde Flüssigkeit, die in Abhängigkeit von Wind und Wetter verdunstet, die Widerspiegelungen im Glas; unsere Phantasie fügt dann noch die Atome hinzu. Das Glas ist ein Destillat des Erdgesteins, und in seiner Zusammensetzung entdecken wir die Geheimnisse des Alters des Universums und der Entstehung der Sterne. Und was für eine merkwürdige Ansammlung von Chemikalien sich im Wein findet. Wie sind sie entstanden? Wir haben hier Fermente, Enzyme, Substrate und schließlich Produkte. Hier im Wein liegt die große Verallgemeinerung verborgen: Alles Leben ist ein Gärungsprozeß. Niemand wird die Chemie des Weins entdecken, ohne wie Louis Pasteur die Ursachen vieler Krankheiten zu finden. Wie lebendig ist der Bordeaux, der sich unweigerlich ins Bewußtsein dessen schiebt, der ihn sich genau ansieht! Würde unser beschränkter Verstand der Bequemlichkeit halber dieses Glas Wein, dieses Universum in Einzelteile zerlegen – Physik, Biologie, Geologie, Astronomie, Psychologie und so weiter –, dann denken Sie daran: Davon weiß die Natur nichts! Wir wollen also alles wieder hübsch zusammenfügen und nicht vergessen, wozu es eigentlich gedacht ist. Gönnen wir uns zum Abschluß noch etwas – trinken wir und vergessen das alles!

VIER

DER ERHALTUNGSSATZ DER ENERGIE

Was ist Energie?

Nach unserer Beschreibung von Fragen allgemeiner Art wollen wir in diesem Kapitel näher auf die Einzelheiten verschiedener Teilbereiche der Physik eingehen. Um die einzelnen Vorstellungen und die Argumentationsweise zu veranschaulichen, mit denen man in der theoretischen Physik arbeiten könnte, befassen wir uns als erstes mit einem der grundlegendsten Gesetze der Physik, der Erhaltung der Energie.

Es existiert eine Gegebenheit oder, wenn Sie so wollen, ein *Gesetz,* das allen bislang bekannten Phänomenen zugrunde liegt. Eine Ausnahme von diesem Gesetz gibt es nicht – soweit wir wissen, trifft es in allen Fällen zu. Bezeichnet wird dieses Gesetz als *Erhaltungssatz der Energie.* Es besagt, daß es eine bestimmte Größe gibt, die wir Energie nennen und die sich bei den mannigfaltigen Veränderungen, denen die Natur unterliegt, nicht verändert: eine höchst abstrakte Vorstellung, da es sich um ein mathematisches Prinzip handelt. Laut ihm gibt es eine numerische Größe, die sich nicht verändert, wenn irgend etwas geschieht. Dabei handelt es sich nicht um die Beschreibung eines Mechanismus oder von irgend etwas Konkretem – lediglich um eine seltsame Gegebenheit: Wir können eine Zahl berechnen, und wenn wir schließlich der Natur lange genug bei ihren Zauberkunststückchen zugesehen haben und die Zahl erneut berechnen, ist es immer noch dieselbe. (In etwa so wie der Läufer auf weißem Feld; nach einer Reihe von Zügen – die wir nicht in ihren Einzelheiten kennen – befindet er sich nach wie vor auf einem weißen Feld. Das ist ein Gesetz seiner Natur.) Und weil es um eine abstrakte Idee geht, wollen wir ihre Bedeutung anhand einer Analogie veranschaulichen.

Stellen Sie sich ein Kind vor, beispielsweise Dennis, den kleinen Lausbuben. Dennis also besitzt Bauklötze, die absolut unverwüstlich sind und sich auch nicht in Einzelteile zerlegen lassen; einer ist wie der andere. Angenommen, er hat achtundzwanzig solcher Bausteine. Am Morgen schickt seine Mutter ihn mit seinen achtundzwanzig Klötzen in ein Zimmer. Am Abend zählt sie die Bausteine sehr sorgfältig nach – denn sie ist ungemein neugierig – und entdeckt ein höchst erstaunliches Gesetz: Egal, was er mit den Bauklötzen anstellt, es bleiben immer achtundzwanzig! So geht das eine Zeitlang, bis eines Tages nur mehr siebenundzwanzig da sind; doch nach einigem Herumsuchen findet sie einen unter dem Teppich – sie muß also überall nachsehen, um sicher zu sein, daß die Zahl der Bauklötze auch wirklich gleich geblieben ist. Ein paar Tage später hat es den Anschein, als verändere sich ihre Zahl – es sind nur mehr sechsundzwanzig vorhanden. Eine sorgfältige Untersuchung ergibt, das Fenster hat offengestanden, und als sie draußen nachsieht, findet sie die beiden fehlenden Klötze. Doch an einem anderen Tag ergibt eine genaue Zählung plötzlich dreißig! Das verursacht beträchtliche Aufregung, bis sich herausstellt, Bruce war zu Besuch; er hatte seine Bauklötze mitgebracht und ein paar davon bei Dennis gelassen. Nachdem sie die überzähligen Bausteine beiseite geräumt hat, schließt sie das Fenster und läßt Bruce nicht mehr ins Haus. Nun geht alles seinen gewohnten Gang, bis sie einmal erneut nachzählt und nur mehr fünfundzwanzig findet. Allerdings steht in dem Zimmer eine Kiste, eine Spielzeugkiste; die Mutter will sie aufklappen, aber der Junge erklärt: »Nein, du darfst meine Kiste nicht aufmachen«, und fängt zu brüllen an. Sie darf also die Spielzeugkiste nicht öffnen. Da sie, wie gesagt, sehr neugierig, aber auch einigermaßen erfinderisch ist, denkt sie sich einen Plan aus. Sie weiß, die Bauklötze wiegen jeder 85 Gramm; sie wiegt also die Kiste zu einem Zeitpunkt, als sie alle achtundzwanzig sieht: ihr Gewicht beträgt 454 Gramm. Als sie das nächste Mal kontrollieren will, wiegt sie die Kiste erneut, zieht 454 Gramm ab und teilt dann durch 85 Gramm. Nun macht sie folgende Entdeckung:

$$\begin{pmatrix} \text{Anzahl der Bauklötze,} \\ \text{die sie sieht} \end{pmatrix} + \frac{(\text{Gewicht der Kiste}) - 454\,\text{Gramm}}{85\,\text{Gramm}} = \text{konstant}$$

$$(4.1)$$

Dann scheint es erneut zu Abweichungen zu kommen; eine genaue Nachprüfung ergibt jedoch, daß sich der Pegel des schmutzigen Wassers in der Badewanne ändert. Das Kind wirft die Bauklötze in das Wasser – und sie kann sie nicht sehen, weil es so dreckig ist. Aber sie kann herausfinden, wie viele Bausteine in der Wanne sind, indem sie ihre Formel erweitert. Da der ursprüngliche Wasserstand bei 15,4 Zentimetern lag und jeder Klotz den Pegel um 0,64 Zentimeter steigen läßt, lautet die neue Formel:

$$\begin{pmatrix} \text{Anzahl der Bauklötze,} \\ \text{die sie sieht} \end{pmatrix} + \frac{(\text{Gewicht der Kiste}) - 454\,\text{Gramm}}{85\,\text{Gramm}}$$

$$+ \frac{(\text{Wasserhöhe}) - 15,4\,\text{Zentimeter}}{0,64\,\text{Zentimeter}} = \text{konstant}$$

$$(4.2)$$

Parallel zu ihrer zunehmend vielschichtiger werdenden Welt findet sie eine ganze Reihe von Termen für verschiedene Arten der Berechnung, wie viele Bauklötze an Stellen versteckt sind, wo sie nicht nachsehen darf. Das Ergebnis: Sie entwickelt eine komplizierte Formel, eine Größe, die *man berechnen muß* und die, bezogen auf diese spezielle Situation, immer gleich bleibt.

Inwiefern stellt dies eine Analogie zur Energieerhaltung dar? Wichtig ist vor allem: Einen Aspekt muß man sich wegdenken – *es sind keine Bauklötze vorhanden*. Lassen Sie in (4.1) und (4.2) jeweils den ersten Term weg, dann stellen Sie fest, wir berechnen mehr oder weniger abstrakte Dinge. In folgenden Punkten gilt die Analogie: Erstens, wenn wir die Energie berechnen, entweicht gelegentlich ein Teil davon aus dem System und verschwindet irgendwohin; hin und wieder kommt hingegen welche dazu. Um nun den Satz von der Erhaltung der Energie zu verifizieren, müssen wir sehr genau darauf achten, daß wir selber keine hinzufügen und keine wegnehmen. Zweitens nimmt Energie eine Vielzahl *verschiedener Formen* an, und für jede gibt es eine eigene Formel. Es handelt sich um folgende: Gravitationsenergie, kinetische Energie, Wärmeenergie, elastische Energie, elektrische Energie, chemische Energie, Strahlungsenergie, Kernenergie und Massenenergie. Fassen wir die Formeln für alle diese Einzelformen zusammen, ändert die Energiemenge sich nicht, außer man fügt etwas hinzu oder nimmt etwas weg.

Es ist wichtig, sich klarzumachen, daß wir in der Physik heute keine Ahnung haben, was Energie eigentlich *ist*. Wir stellen uns beispielsweise nicht vor, Energie trete in kleinen Klumpen bestimmter Größe auf. Das ist nicht der Fall. Aber immerhin existieren Formeln, um bestimmte numerische Größen zu berechnen, und wenn wir sie alle zusammenzählen, kommt immer »28« heraus – stets dieselbe Zahl. Das hat insofern etwas Abstraktes an sich, als es uns keinerlei Aufschluß über die Mechanismen oder die *Gründe* für die verschiedenen Formeln gibt.

Potentielle Gravitationsenergie

Wir können Energieerhaltung nur verstehen, wenn wir die Formeln für alle ihre verschiedenen Erscheinungsformen kennen. Ich möchte hier die Formel für die Gravitationsenergie nahe der Erdoberfläche erörtern, und zwar will ich sie jenseits aller Historie schlicht anhand einer Reihe Schlußfolgerungen herleiten, die ich mir eigens für diese Vorlesung ausgedacht habe, um Ihnen die bemerkenswerte Tatsache zu verdeutlichen, wie man aus ein paar Fakten und mit genauem Nachdenken eine Menge über die Natur schließen kann. Es ist dies ein Beispiel dafür, womit theoretische Physiker sich beschäftigen; sie ist einer wirklich hervorragenden Beweisführung von Mr. Carnot zur Leistungsfähigkeit von Dampfmaschinen nachempfunden.*

Betrachten wir einmal Maschinen zum Anheben von Gewichten – Vorrichtungen, die ein Gewicht heben, indem sie ein anderes absenken. Darüber hinaus wollen wir von folgender Hypothese ausgehen: Derlei Maschinen *sind keine perpetua mobilia.* (Genaugenommen ist dies eine allgemeingültige Aussage des Energieerhaltungsgesetzes: Ein Perpetuum mobile existiert überhaupt nicht.) Bei der Definierung des Perpetuum mobile müssen wir sehr sorgfältig vorgehen. Wir wollen es zuerst bei Maschinen zum Gewichtheben versuchen. Falls wir, nachdem wir viele Gewichte angehoben beziehungsweise abgesenkt haben und die Vorrichtung sich wieder in ihrem ursprünglichen Zustand befindet, feststellen, daß wir im Endeffekt *ein Gewicht angehoben haben,* dann sehen wir ein Perpetuum mobile vor uns, da wir dieses gehobene Gewicht einsetzen können, um etwas anderes in Bewegung zu versetzen. Dies gilt unter der *Voraussetzung,* daß die Maschine, die das Gewicht gehoben hat, in ihren *Ausgangszustand* zurückversetzt wurde und zudem ein vollständig *in sich geschlossenes* System ist – die Energie, um das Gewicht anzuheben, ihr also nicht von außen zugeführt wurde –, so wie Bruces Bauklötze.

Abbildung 4.1 zeigt eine sehr einfache Vorrichtung zum Gewichtheben; sie hebt ein drei Einheiten »starkes« Gewicht. Diese drei Gewichtseinheiten legen wir auf die eine Waagschale, eine Gewichtseinheit in die andere. Um das Ding tatsächlich in Bewegung zu setzen, müssen wir allerdings aus der linken Schale ein

---

* Uns geht es hier nicht so sehr um das Ergebnis (4.3), das Sie möglicherweise sogar schon kennen, sondern darum, daß man es mittels theoretischer Überlegungen erzielen kann.

Abb. 4.1: Einfache Vorrichtung zum Heben einer Last

wenig Gewicht herausnehmen. Andererseits könnten wir, wenn wir nur ein kleines bißchen mogeln und ein wenig Gewicht von der anderen Schale entfernen, die eine Gewichtseinheit anheben, indem wir die drei Gewichtseinheiten absenken. Natürlich stellen wir fest, bei einer *realen* Hebevorrichtung müssen wir ein klein wenig hinzufügen, um sie überhaupt in Gang zu setzen. Doch das lassen wir *vorübergehend* einmal außer acht. Ideale Maschinen gibt es zwar nicht, aber sie erforderten keinerlei zusätzliches Gewicht. Ein tatsächlich funktionierender Apparat könnte in gewissem Sinne *fast* reversibel arbeiten. Das heißt, wenn wir drei Gewichtseinheiten hochheben, indem wir die eine Gewichtseinheit absenken, wird er auch eine Gewichtseinheit fast genauso weit anheben, wenn wir die drei Einheiten senken.

Stellen wir uns vor, es gäbe zwei Arten von Maschinen, solche, die *nicht* reversibel – dazu zählen alle real existierenden Apparate –, und solche, die reversibel sind: Solche Maschinen lassen sich natürlich nicht herstellen, wie sorgfältig auch immer wir die Waagschalen, Lager und so weiter konstruieren. Doch gehen wir einfach einmal davon aus, es gäbe eine reversible Maschine, die ein Gewicht von einer Einheit (in Kilogramm oder irgendeiner anderen Maßeinheit) um eine Längeneinheit absenkt und gleichzeitig drei Gewichtseinheiten anhebt. Diese reversible Maschine nennen wir Maschine *A.* Angenommen, dieser reversible Apparat hievt drei Gewichtseinheiten um einen Abstand *X.* Nehmen wir weiter an, wir hätten noch eine andere Maschine, Maschine *B,* die nicht unbedingt reversibel ist, aber ebenfalls eine Gewichtseinheit um eine Längeneinheit senkt, die drei Einheiten jedoch nur um einen Abstand *Y* hebt. Jetzt können wir beweisen, *Y* ist nicht größer als *X;* das heißt, es ist unmöglich, einen Apparat zu konstruieren, der ein Gewicht auch nur *geringfügig höher* hebt als eine reversible Maschine. Warum? Angenommen, *Y* wäre größer als *X.* Wir nehmen eine Gewichtseinheit und senken sie auf Maschine *B* um eine Längeneinheit; dadurch werden die drei Gewichtseinheiten um einen Abstand *Y* angehoben. Nun könnten wir das Gewicht von *Y* auf *X* senken, dadurch *freie Kapazität* erhalten und mit der reversiblen Maschine *A* die drei Gewichtseinheiten um einen Abstand *X* senken und die eine Gewichtseinheit um eine Längeneinheit heben. Dann befindet sich die Gewichtseinheit wieder genau dort, wo sie vorher war, und beide Maschinen sind für den nächsten Einsatz bereit! Wäre *Y* größer als *X*, hätten wir also ein Perpetuum mobile, und das ist – von dieser Voraussetzung sind wir ausgegangen – unmöglich. Aus diesen Annahmen können wir ableiten, daß *Y nicht größer ist als X*; die beste aller Maschinen, die man konstruieren kann, ist also die reversible.

Es leuchtet auch ein, daß alle reversiblen Maschinen ein Gewicht auf *genau die gleiche Höhe* anheben müssen. Angenommen, *B* wäre in Wirklichkeit ebenfalls reversibel. Die Behauptung, *Y* sei nicht größer als *X*, trifft natürlich genauso zu wie vorher, doch wir können auch andersherum argumentieren; wir setzen die Maschinen in umgekehrter Reihenfolge ein und beweisen, *X ist nicht größer als Y*: eine äußerst bemerkenswerte Beobachtung, denn sie erlaubt uns zu bestimmen, auf welche Höhe verschiedene Apparate etwas anheben, *ohne uns um den inneren Mechanismus zu kümmern.* Falls irgend jemand eine ungeheuer ausgeklügelte Anordnung von Hebeln entwirft, die drei Gewichtseinheiten anhebt, indem sie eine Gewichtseinheit um eine Längeneinheit absenkt, und wir dies mit einem einfachen Hebel vergleichen, der das gleiche leistet und im Prinzip reversibel ist, dann ist uns auf Anhieb klar, die raffinierte Maschine hebt das Gewicht nicht höher, eher nicht ganz so weit an. Falls diese Maschine reversibel ist, wissen wir auch genau, *wie* hoch sie das Gewicht hebt. Kurz gesagt: Jede reversible Maschine, gleichgültig, wie sie funktioniert, die 1 Kilogramm um 1 Meter senkt und 3 Kilogramm hebt, befördert diese 3 Kilogramm immer um den gleichen Abstand höher, nämlich X. Zweifelsohne ein äußerst nützliches universell geltendes Gesetz. Die nächste Frage lautet nun natürlich: Wie groß ist X?

Angenommen, wir haben eine reversible Vorrichtung, die um ebendiesen Abstand X im Verhältnis drei zu eins anhebt. Nun legen wir drei Kugeln in ein fest verankertes Gestell (siehe Abbildung 4.2). Eine Kugel liegt auf einer Platte, die sich in einer bestimmten Höhe über der Grundfläche befindet. Der Apparat kann drei Kugeln heben, indem er die eine um einen Abstand 1 senkt. Wir haben es so eingerichtet, daß das Gestell mit den drei Kugeln aus einer Grundfläche und, jeweils im Abstand X, zwei Borden besteht; außerdem haben die drei Kugeln in dem Gestell ebenfalls einen Abstand X voneinander (a). Als erstes lassen wir nun die Kugeln horizontal von dem Gestell in die Fächer davor rollen (b) und gehen davon aus, dies erfordere keine Energie, da wir ja die Höhe nicht verändern. Die reversible Maschine arbeitet dann folgendermaßen: Sie befördert die einzelne Kugel auf die Grundfläche und hebt das Gestell um den Abstand X (c). Raffinierterweise haben wir es so konstruiert, daß die Kugeln sich wiederum auf gleicher Höhe mit den einzelnen Fächern befinden. Auf diese Weise befördern wir die Kugeln wieder in das Gestell (d); anschließend versetzen wir die ganze Vorrichtung wieder in ihren ursprünglichen Zustand. Jetzt befinden sich drei Kugeln in den drei oberen Fächern und eine auf der Grundfläche. Das Merkwürdige daran ist, daß wir *zwei* Kugeln sozusagen überhaupt nicht angehoben haben: schließlich lagen auch zu Beginn Kugeln in Fach zwei und drei. Das Endergebnis ist also, wir haben *eine Kugel* um einen Abstand von $3X$ hochgehoben. Ist nun $3X$ größer als 1 Meter, können wir die Kugel nach unten *senken*, um den Apparat in die Ausgangsposition zu bringen (f), und wieder von vorne anfangen. Daher kann $3X$ nicht größer sein als 1 Meter, denn andernfalls hätten wir ein Perpetuum mobile. Auf ähnliche Art können wir beweisen, *1 Meter kann nicht länger sein als die $3X$,*

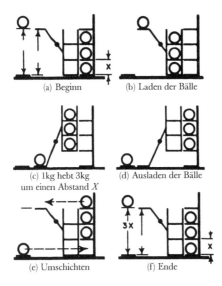

Abb. 4.2: Reversible Maschine

indem wir das Ganze in umgekehrter Richtung ablaufen lassen; schließlich handelt es sich um eine reversible Maschine. Folglich ist *3X weder länger noch kürzer als 1 Meter*; einzig anhand logischer Schlußfolgerungen haben wir also das Gesetz entdeckt: $X = \frac{1}{3}$ Meter. Die Verallgemeinerung dessen liegt auf der Hand: 1 Kilogramm fällt, wenn wir eine solche reversible Maschine in Gang setzen, um einen gewissen Abstand nach unten; dann kann diese Maschine p Kilogramm um diesen Abstand geteilt durch p anheben. Anders formuliert: 3 Kilogramm mal der Höhe, um die sie angehoben werden – in unserem Fall X –, entspricht 1 Kilogramm mal dem Abstand, um den es heruntergelassen wurde; in unserem Fall um 1 Meter. Nehmen wir alle Gewichte und multiplizieren sie mit den jeweiligen Höhen, auf denen sie sich jetzt über der Grundfläche befinden, setzen die Maschine in Gang und multiplizieren wiederum alle Gewichte mit allen Höhen, *ergibt sich keine Veränderung*. (Wir müssen das Beispiel, bei dem wir lediglich ein Gewicht verlagern, verallgemeinern, so daß es auch gilt, wenn wir ein Gewicht absenken und dabei etliche andere anheben – doch das ist nicht weiter schwierig.)

Die Summe der Gewichte multipliziert mit den Höhen bezeichnen wir als *potentielle Gravitationsenergie* – die Energie, über die ein Gegenstand aufgrund seines Ortes im Raum – relativ zur Erde – verfügt. Solange wir uns nicht zu weit von der Erde entfernen (wenn wir höher gehen, nimmt die Kraft ab), lautet die Formel für Gravitationsenergie folgendermaßen:

$$\left(\begin{array}{l} \text{Potentielle} \\ \text{Gravitationsenergie} \\ \text{eines Objekts} \end{array} \right) = (\text{Gewicht}) \times (\text{Höhe}) \tag{4.3}$$

Eine wunderschöne Beweisführung. Sie hat nur einen Nachteil – möglicherweise stimmt sie nicht. (Schließlich *muß* die Natur keineswegs unserer Argumentation folgen.) Vielleicht ist ein Perpetuum mobile doch möglich. Einige Annahmen mögen falsch sein, oder vielleicht hat sich ein Fehler in unsere Schlußfolgerungen eingeschlichen; man muß das Ganze in jedem Fall nachprüfen. Doch *bei Experimenten stellt sich heraus,* sie ist in der Tat richtig.

Die allgemeine Bezeichnung, die etwas mit dem Ort relativ zu etwas anderem zu tun hat, lautet *potentielle* Energie. In diesem besonderen Fall nennen wir sie natürlich *potentielle Gravitationsenergie.* Geht es um elektrische Kräfte, denen wir Widerstand entgegensetzen, das heißt, geht es darum, Ladungen mit Hilfe einer Menge Hebel von anderen Ladungen »wegzuheben«, heißt der Energiegehalt *potentielle elektrische Energie.* Der allgemeine Grundsatz lautet: Die Veränderung der Energie entspricht der Kraft mal dem Abstand, um den diese Kraft verschoben wird, und dabei handelt es sich um eine Veränderung der Energie im allgemeinen:

$$\left(\begin{array}{l} \text{Änderung} \\ \text{der Energie} \end{array} \right) = (\text{Kraft}) \times \left(\begin{array}{l} \text{Entfernung, über die} \\ \text{die Kraft wirkt} \end{array} \right) \tag{4.4}$$

Im weiteren Verlauf kommen wir auf viele dieser anderen Formen von Energie zurück.

Der Grundsatz der Energieerhaltung erweist sich bei der Ableitung, was unter einer Reihe von Umständen geschehen wird, als äußerst nützlich. Auf der High-School haben wir eine Menge Gesetze über Rollen und Hebel, deren man sich auf unterschiedliche Weise bedient, gelernt. Jetzt wird uns klar, alle diese »Gesetze« *besagen das gleiche;* wir hätten diese fünfundsiebzig Regeln also gar nicht auswendig zu lernen brauchen, um etwas zu berechnen. Ein simples Beispiel dafür ist eine glatte geneigte Ebene, bei der es sich glücklicherweise um ein Dreieck mit den Seitenverhältnissen drei-vier-fünf handelt (Abbildung 4.3). Wir hängen ein Gewicht (1 Kilogramm) über eine Rolle auf die schiefe Ebene; auf der anderen Seite der Rolle bringen wir ein Gewicht W an. Und jetzt wollen wir wissen, wie schwer W sein muß, um das Kilogramm auf der schrägen Ebene im Gleichgewicht zu halten. Wie läßt sich das berechnen? Wenn wir sagen, es befindet sich gerade so im Gleichgewicht, verhält es sich reversibel und kann sich daher auf- und abbewegen. Jetzt betrachten wir folgende Situation: In der ursprünglichen Anordnung (a) befindet sich das eine Kilogramm unten, das Gewicht W oben. Rutscht W – aufgrund der Reversibilität – nach unten, zieht es das eine Kilogramm nach oben, während W um einen Abstand, der der Länge der schiefen Ebene entspricht (in diesem Fall 5 Meter), von der Stelle entfernt ist, an der es sich vorher befunden hatte (b). Wir haben das eine Kilogramm lediglich um 3 Meter *angehoben,* das W jedoch um 5 Meter *gesenkt.*

Folglich gilt: $W = \frac{3}{5}$ eines Kilogramms. Beachten Sie, wir haben dies aus dem Grundsatz von der Erhaltung der Energie und nicht aus Kraftkomponenten abgeleitet. Klugheit ist jedoch etwas Relatives. Man kann dies auch auf weit brillantere Art und Weise ableiten; sie wurde von Stevinus entdeckt und ist auf seinem Grabstein eingemeißelt. Abbildung 4.4 zeigt, es muß sich um $\frac{3}{5}$ eines Kilogramms handeln, da die Kette sich nicht von selbst herumbewegt. Es liegt auf der Hand, der untere Teil der Kette balanciert sich

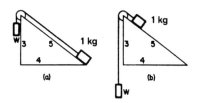

Abb. 4.3: Schiefe Ebene

selber aus, folglich muß der Zug der fünf Gewichte auf der einen Seite den Zug der drei Gewichte auf der anderen Seite ausgleichen (oder wie auch immer das Seitenverhältnis ist). Sehen Sie sich die Zeichnung an, dann stellen Sie fest, W muß $3/5$ eines Kilogramms betragen. (Wenn Sie erst mal so eine Grabinschrift bekommen, dann haben Sie Ihre Sache gut gemacht.)

Nun wollen wir das Energieprinzip anhand eines komplizierteren Beispiels, einer Schraubenwinde (Abbildung 4.5), veranschaulichen. Wir drehen die Schraube, die vier Windungen pro Zentimeter hat, mit Hilfe eines etwa 50 Zentimeter langen Griffs. Und nun interessiert uns, wieviel Kraft wir aufwenden müßten, um damit 1 Tonne anzuheben. Wollen wir die 1 Tonne um 2,5 Zentimeter anheben, müssen wir den Griff zehnmal drehen, und bei jeder Umdrehung bewegt er sich um etwa 320 Zentimeter. Daher muß der Griff 3200 Zentimeter zurücklegen; würden wir ver-

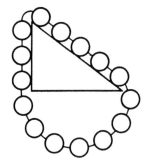

Abb. 4.4: Grabinschrift des Stevinus

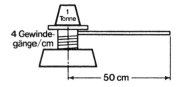

Abb. 4.5: Schraubenwinde

schiedene Rollen und so weiter einsetzen, könnten wir unsere
1 Tonne mit einem unbekannten, jedoch kleineren Gewicht *W*,
das am Ende des Griffs angebracht wird, hochheben. Schließlich
stellen wir fest, *W* entspricht etwa 0,75 Kilogramm. Dies ist eine
Folge der Erhaltung der Energie.

Nehmen Sie nun das noch etwas kompliziertere Beispiel in
Abbildung 4.6. Ein etwa 2,5 Meter langer Stab oder eine Stange
dieser Länge ist an dem einen Ende abgestützt. In der Mitte der
Stange befindet sich ein Gewicht von 30 Kilogramm, etwa 62,5 Zen-
timeter von der Verankerung entfernt eines von 50 Kilogramm.
Wieviel Kraft müssen wir jetzt aufwenden, um das Ende der
Stange hochzuhalten (das Gewicht der Stange lassen wir jetzt ein-
mal außer acht)? Angenommen, wir bringen an dem einen Ende
über eine Rolle ein Gewicht an. Wie schwer müßte dieses Gewicht
W sein, um die Stange im Gleichgewicht zu halten?

Stellen wir uns vor, das Gewicht fällt beliebig weit nach unten –
sagen wir einmal, um 10 Zentimeter. Wie hoch steigen dann die
beiden Gewichtsauflagen? Das in der Mitte um 5 Zentimeter, das
ein Viertel des Abstands von dem verankerten Ende entfernte um
2,5 Zentimeter. Daher ergibt sich aus dem Grundsatz, daß die

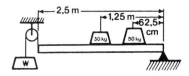

Abb. 4.6: An einem Ende abgestützte belastete Stange

Summe der Höhen multipliziert mit den Gewichten sich nicht
verändert, daß das Gewicht W mal die 10 Zentimeter, die es nach
unten fällt, plus die 30 Kilogramm mal 5 Zentimeter plus die 50
Kilogramm mal 2,5 Zentimeter insgesamt null ergeben muß:

$$-4W + (5)(30) + (2,5)(50) = 0, \qquad W = 27,5 \text{ kg} \qquad (4.5)$$

Wir brauchen also 27,5 Kilogramm, um die Stange im Gleichgewicht zu halten. Auf diese Weise können wir die »Gleichgewichts-
gesetze« ableiten – die Statik von komplizierten Brückenkon-
struktionen und so weiter. Man bezeichnet diesen Ansatz als das
Prinzip der virtuellen Arbeit, denn um unsere Überlegungen umzusetzen, mußten wir uns *vorstellen,* die Anordnung bewegte sich ein
klein wenig – obwohl sie sich *in Wirklichkeit* nicht bewegt oder sogar *unbeweglich* ist. Wir nutzen diese äußerst geringe gedachte Bewegung, um das Prinzip der Erhaltung der Energie anzuwenden.

Kinetische Energie

Um eine andere Art Energie zu veranschaulichen, sehen wir uns
ein Pendel an (Abbildung 4.7). Ziehen wir die Masse auf die eine
Seite und lassen sie los, dann schwingt sie hin und her. Auf dem
Weg vom einen Ende zum Mittelpunkt verliert sie an Höhe. Wo-
hin verliert sich die potentielle Energie? Gravitationsenergie verschwindet, wenn das Pendel am tiefsten Punkt anlangt; dennoch
schwingt es wieder ein Stück weit nach oben. Die Gravitationsenergie muß in eine andere Form übergegangen sein. Offenkun-
dig ist das Pendel aufgrund seiner *Bewegung* in der Lage, wieder
nach oben zu schwingen – die Gravitationsenergie nimmt also eine
andere Form an, wenn das Pendel den tiefsten Punkt erreicht.

Für diese Bewegungsenergie brauchen wir eine Formel. Wenn
wir uns an unsere Schlußfolgerungen bei reversiblen Maschinen
erinnern, wird uns ohne weiteres klar, in der Bewegung am tiefsten

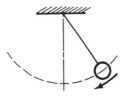

Abb. 4.7: Pendel

Punkt muß eine gewisse Menge an Energie enthalten sein, die es dem Pendel ermöglicht, sich erneut bis zu einer gewissen Höhe aufzuschwingen, und weder etwas mit dem *Mechanismus*, der es nach oben schwingen läßt, zu tun hat noch mit dem *Weg*, den es dabei zurücklegt. Wir haben also eine Formel, die der für Dennis' Bauklötze gleicht – wir haben eine andere Form gefunden, um die Energie darzustellen. Und zwar ist das ganz einfach: Die kinetische Energie am Tiefstpunkt entspricht dem Gewicht mal der Höhe, auf die es infolge seiner Geschwindigkeit steigen konnte: K.E. = *WH*. Jetzt brauchen wir die Formel, die uns aufgrund einer Regel, die mit der Bewegung von Dingen zu tun hat, die Höhe angibt. Wenn wir mit einer bestimmten Geschwindigkeit beginnen, sagen wir, unmittelbar nach oben, erreicht es eine bestimmte Höhe; wie groß diese ist, wissen wir noch nicht, doch sie hängt von der Geschwindigkeit ab – dafür gibt es eine Formel. Um die Formel für die kinetische Energie eines Gegenstandes herauszubekommen, der sich mit der Geschwindigkeit *V* bewegt, müssen wir die Höhe berechnen, bis zu der es hinaufschwingen kann, und mit dem Gewicht multiplizieren. Dies kann man folgendermaßen darstellen:

$$\text{K.E.} = WV^2/2g \qquad (4.6)$$

Die Tatsache, daß Bewegung Energie in sich birgt, steht natürlich in keinerlei Zusammenhang damit, daß wir uns in einem Gravitationsfeld aufhalten. Woher die Bewegung rührt, ist auch nicht von Belang. Es handelt sich um eine allgemeingültige Formel für verschiedene Geschwindigkeiten. Sowohl (4.3) als auch (4.6) sind Näherungsformeln, die erste, weil sie nicht mehr zutrifft, wenn die Höhen sehr groß sind, das heißt hoch genug, um die Schwerkraft abzuschwächen; die zweite infolge der relativistischen Korrektur bei hohen Geschwindigkeiten. Wie dem auch sei, wenn wir erst einmal die genaue Formel für die Energie haben, ist das Gesetz von der Erhaltung der Energie korrekt.

Andere Energieformen

Auf diese Weise könnten wir noch weitere Formen von Energie veranschaulichen. Sehen wir uns als erstes elastische Energie an. Dehnen wir eine Feder, so bedarf es dazu einer Kraftanstrengung, denn in gedehntem Zustand lassen sich mit ihr Gewichte heben, kann sie Arbeit verrichten. Wollten wir allerdings die Summen aus Gewichten plus Höhen berechnen, würde die Kalkulation nicht aufgehen – wir müssen etwas hinzufügen, um der Tatsache Rechnung zu tragen, daß die Feder gespannt ist. Elastische Energie ist die Beschreibung einer Feder in gedehntem Zustand. Wie groß ist diese Energie? Wenn wir die Feder loslassen, wird die elastische Energie, sobald die Feder den Gleichgewichtspunkt überschreitet, in kinetische Energie umgesetzt, die zwischen Zusammenpressen und Dehnen der Feder und kinetischer Energie hin und her wechselt. (Auch ein wenig Gravitationsenergie fließt ein oder ab, doch wir können, wenn wir wollen, das Experiment »seitwärts« durchführen.) Und zwar geht dies so lange, bis die Verluste – aha! Wir haben die ganze Zeit gemogelt und kleine Gewichte hinzugefügt, um Gegenstände zu bewegen oder sagen zu können, diese Vorrichtungen seien reversibel oder könnten ewig so weitermachen. Doch wie wir sehen, stehen sie letztlich still. Wo ist die Energie, wenn die Feder sich nicht mehr auf- und abbewegt? Dies leitet zu einer *anderen* Form von Energie über, der *Wärmeenergie*.

Eine Feder oder ein Hebel besteht aus Kristallen, die sich aus jeder Menge Atomen zusammensetzen; mit großer Sorgfalt können wir bei der Anordnung der einzelnen Teile versuchen, sie so einzustellen, daß keines dieser Atome herumhüpft, wenn die einzelnen Bestandteile aufeinanderrollen. Allerdings muß man dabei äußerst gewissenhaft vorgehen. Wenn Dinge aufeinanderrollen, wackelt und hüpft aufgrund der Unregelmäßigkeit des Materials normalerweise alles durcheinander, und die Atome im Inneren zucken hin und her. Folglich verlieren wir die Energie aus dem Auge: Wir stellen fest, sobald die Bewegung sich verlangsamt, schlängeln die Atome sich willkürlich und verworren umher. Nach wie vor ist kinetische Energie vorhanden, doch sie läßt sich nicht an einer wahrnehmbaren Bewegung ablesen. Ein regelrechter Alptraum! Woher *wissen* wir, daß noch immer kinetische Energie vorhanden ist? Wie sich herausstellt, können wir mit einem Thermometer messen, daß die Feder oder der Hebel *wärmer* geworden sind und daß die kinetische Energie um einen bestimmten Betrag zugenommen hat. Diese Form von Energie bezeichnen wir als *Wärmeenergie,* obwohl wir wissen, es handelt sich eigentlich gar nicht um eine neue Form, sondern lediglich um kinetische Energie – um Bewegung im Inneren. (Eine der Schwierigkeiten bei all diesen in großem Maßstab durchgeführten Experimenten mit Materie ist folgende: Wir können die Erhaltung von Energie nicht wirklich zeigen, und wir können in Wirklichkeit auch keine reversiblen Maschinen herstellen, denn wenn wir einen großen Klumpen Materie bewegen, bleiben die Atome nie völlig ungestört; und so gerät eine gewisse Menge regelloser Bewegung in das Atomsystem. Sehen können wir sie nicht, aber mit Thermometern und dergleichen messen.)

Es gibt noch viele andere Formen von Energie, die wir an dieser Stelle natürlich nicht in allen Einzelheiten beschreiben können: elektrische Energie, die mit dem Umherschieben und -stoßen von elektrischen Ladungen zusammenhängt; Strahlungsenergie, Lichtenergie, die bekanntlich eine Form elektrischer Energie ist, da man sie als sich dahinschlängelnde Linien im elektromagnetischen Feld darstellen kann. Ferner gibt es die chemische Energie, die bei chemischen Reaktionen freigesetzt wird. Bis zu einem gewissen Grad verhält sich elastische Energie wie chemische Energie, da diese nichts anderes ist als die Anziehungsenergie der Atome untereinander; das gleiche gilt für elastische Energie. Entsprechend unserem heutigen Verständnis besteht chemische Energie aus zwei Teilen – einerseits der kinetischen Energie der Elektronen in den Atomen, andererseits der elektrischen Energie der Wechselwirkung zwischen den Elektronen und den Protonen – alles andere ist daher elektrische Energie. Als nächstes kommen wir zur Kernenergie, die bei der Anordnung der Teilchen im Kern eine Rolle spielt; dafür haben wir Formeln, kennen jedoch keine grundlegenden Gesetze. Wir wissen, sie ist keine elektrische und keine Gravitationsenergie, auch keine rein chemische, aber wir wissen nicht, was sie ist. Offenbar handelt es sich um eine eigenständige Form von Energie. Schließlich gibt es im Zusammenhang mit der Relativitätstheorie eine Modifizierung der Gesetze, denen die kinetische Energie – oder wie auch immer man das nennen möchte – unterliegt; in dem Fall ist kinetische Energie mit sogenannter *Massenenergie* verknüpft. Ein Ding verfügt einzig aufgrund seines *Vorhandenseins* über Energie. Wenn ich ein Positron und ein Elektron habe, die stillstehen und gar nichts tun – Gravitation wie auch alles andere lassen wir einmal außer acht –, und die beiden treffen zusammen und verschwinden wieder, dann wird eine bestimmte, berechenbare Menge Strahlungsenergie freigesetzt. Es genügt, die Masse des Dings zu kennen. Was es ist, spielt keine Rolle – wir lassen zwei Dinge verschwinden und erhalten eine gewisse Menge Energie. Einstein entdeckte die Formel dafür: $E = mc^2$.

Unsere Erörterung macht deutlich, wie ungeheuer nützlich das Gesetz der Energieerhaltung bei der Durchführung von Analysen ist; wir haben dies an etlichen Beispielen gezeigt, bei denen wir durchaus nicht alle Formeln zu kennen brauchten. Wüßten wir sämtliche Formeln für sämtliche Arten von Energie, könnten

wir herausfinden, auf welche Weise viele Prozesse ablaufen sollten, ohne auf die Einzelheiten eingehen zu müssen. Daher sind
die Gesetze zur Erhaltung von Energie ungemein interessant.
Natürlich erhebt sich an dieser Stelle die Frage, welche weiteren
Erhaltungsgesetze es in der Physik gibt. Es existieren noch zwei,
die der Erhaltung von Energie analog sind. Das eine wird als Gesetz
der Impulserhaltung, das andere als das der Drehimpulserhal-
tung bezeichnet. Auf beide werden wir später näher eingehen.

Bis ins letzte verstehen wir die Erhaltungssätze allerdings nicht.
Wir verstehen die Erhaltung von Energie nicht. Und wir verstehen Energie nicht als eine gewisse Zahl kleiner Klumpen. Wie
Sie vielleicht wissen, treten Photonen in Form von Klumpen auf;
die Energie eines Photons entspricht dem Produkt aus Planck-
schem Wirkungsquantum und Frequenz. Da aber die Frequenz
von Licht jeden Wert annehmen kann, gibt es kein Gesetz, das besagt, Energie müsse einen bestimmten festgesetzten Wert haben.
Im Gegensatz zu Dennis' Bausteinen kann sie jede beliebige
Größe annehmen, zumindest entsprechend unserem derzeitigen Verständnis. Wir fassen diese Energie also nicht als zu einem
bestimmten Zeitpunkt berechenbare Menge auf, sondern lediglich als mathematische Größe – eine abstrakte Angelegenheit. Im
Rahmen der Quantenmechanik stellt sich heraus, daß die Erhaltung von Energie in engem Zusammenhang mit einer weiteren
wichtigen Eigenschaft der Welt steht: *Die Dinge hängen nicht von
der absoluten Zeit ab.* Wir können ein Experiment zu einem bestimmten Zeitpunkt durchführen, es dann später wiederholen,
und es läuft auf genau die gleiche Weise ab. Ob das wirklich wahr
ist, wissen wir nicht. Wenn wir davon ausgehen, daß es so ist, und
die Grundsätze der Quantenmechanik hinzufügen, können wir
das Prinzip der Energieerhaltung ableiten. Eine ziemlich komplizierte und interessante Angelegenheit und gar nicht so einfach zu
erklären. Auch die anderen Erhaltungsgesetze sind miteinander
verknüpft. Die Erhaltung des Impulses verbindet sich in der Quantenmechanik mit der Aussage, es mache keinen Unterschied, *wo*

man ein Experiment durchführt – die Ergebnisse sind immer die gleichen. Und so wie die Unabhängigkeit vom Raum etwas mit der Impulserhaltung zu tun hat, so hängt die Unabhängigkeit von der Zeit mit der Erhaltung der Energie zusammen. Und wenn wir schließlich unsere Apparatur *drehen,* macht dies ebenfalls nichts aus. Die Unveränderlichkeit der Welt in Hinblick auf die Winkelausrichtung steht mit der Erhaltung des *Drehimpulses* in Zusammenhang. Außer den genannten gibt es noch drei weitere Erhaltungsgesetze, die entsprechend unserem derzeitigen Wissensstand exakt und zudem weit einfacher zu verstehen sind, da sie sich mit dem Zählen von Bauklötzen vergleichen lassen.

Das erste ist die *Erhaltung von Ladung* und besagt lediglich, daß man zählt, wie viele positive minus wie viele negative elektrische Ladungen man hat; diese Zahl verändert sich nie. Man kann eine positive mit Hilfe einer negativen verschwinden lassen, schafft dadurch jedoch keinen Überschuß an positiver oder negativer Ladung. Diesem Gesetz sind zwei andere analog – das eine bezeichnet man als *Erhaltung der Baryonen.* Es existiert eine Reihe seltsamer Teilchen – beispielsweise Neutronen und Protonen –, die man Baryonen nennt. Wenn wir bei einer beliebigen Reaktion, die in der Natur abläuft, zählen, wie viele Baryonen in diesen Prozeß eingehen, ist die Zahl der Baryonen*, die abfließen, immer genauso groß. Das andere Gesetz ist das der *Erhaltung der Leptonen.* Zu den Leptonen zählen das Elektron, das Myon und das Neutrino. Ein Antielektron – ein –1 Lepton also – wird als Positron bezeichnet. Zählt man bei einer Reaktion alle Leptonen zusammen, stellt sich heraus, die Anzahl der dazukommenden und die der weggehenden ändert sich nie.

Dies sind die sechs Erhaltungsgesetze – drei davon sehr ausgeklügelt und kompliziert; bei ihnen kommen Raum und Zeit ins Spiel. Die drei anderen sind einfach – bei ihnen geht es mehr oder weniger nur darum, etwas zu zählen.

---

* Man zählt ein Antibaryon als –1 Baryon.

In bezug auf die Erhaltung von Energie sollten wir noch folgendes festhalten: Eine ganz andere Sache ist es, wieviel Energie *verfügbar* ist – in den Atomen des Meerwassers bewegen die Teilchen sich ständig regellos durcheinander, da das Meer eine bestimmte Temperatur hat; es ist jedoch unmöglich, sie zu einer eindeutigen Bewegung zusammenzuzwingen, ohne von irgendwoher Energie zuzuführen. Das bedeutet, wir wissen zwar mit Sicherheit, daß Energie erhalten bleibt, doch die den Menschen für Nutzanwendungen verfügbare Energie läßt sich nicht so ohne weiteres bewahren. Die Gesetze, die bestimmen, auf wieviel Energie man zugreifen kann, nennt man die *Gesetze der Thermodynamik;* hier kommt bei irreversiblen thermodynamischen Prozessen ein Entropie genanntes Konzept ins Spiel.

Abschließend noch eine Bemerkung zu der Frage, wie wir heute unseren Energiebedarf decken können. Unsere Energiequellen sind Sonne, Regen, Kohle, Uran und Wasserstoff. Die Sonne verursacht den Regen; auch die Entstehung von Kohle ist auf sie zurückzuführen. Zwar bleibt Energie erhalten, doch die Natur scheint kein besonders großes Interesse an ihr zu haben: Sie setzt jede Menge Energie aus der Sonne frei, doch nur eine von zwei Milliarden Einheiten geht an die Erde. Der Erhaltungssatz der Energie gilt auch für die Natur, doch sie verstreut Energie großzügig in alle Richtungen. Aus Uran wurde bereits Energie gewonnen; auch aus Wasserstoff läßt sich Energie freisetzen, derzeit allerdings nur bei Explosionen und unter gefährlichen Umständen. Sobald man ihn bei thermonuklearen Reaktionen unter Kontrolle bringen kann, entspräche die aus 10 Litern Wasser pro Sekunde gewonnene Elektrizität der in den Vereinigten Staaten erzeugten Gesamtmenge. Mit 600 Litern Wasser pro Minute hätte man genügend Brennstoff, um den gesamten derzeitigen Energiebedarf der USA zu decken! Es ist daher Sache der Physiker, herauszubekommen, wie man den ständigen Energienachschub gewährleisten könnte. Denn es ist machbar.

FÜNF

DIE GRAVITATIONSTHEORIE

Die Planetenbahnen

In diesem Kapitel beschäftigen wir uns mit einer der weitreichendsten Verallgemeinerungen, die der Menschenverstand je getroffen hat. Auch wenn wir das menschliche Denken bewundern, sollten wir doch einen Augenblick innehalten und voller Ehrfurcht die *Natur* betrachten, die mit solcher Vollkommenheit und Allgemeingültigkeit einem derart raffiniert einfachen Gesetz wie dem der Gravitation folgt. Was besagt nun das Gravitationsgesetz? Es lautet: Alles im Universum zieht alles andere an, und zwar mit einer Kraft, die für zwei beliebige Gegenstände proportional der Masse eines jeden ist und sich umgekehrt proportional dem Quadrat des Abstands zwischen ihnen verändert. Mathematisch läßt sich dies folgendermaßen ausdrücken:

$$F = G\,\frac{mm'}{r^2}$$

Berücksichtigen wir darüber hinaus die Tatsache, daß ein Objekt auf eine Kraft reagiert, indem es sich in Richtung dieser Kraft in einem Maße beschleunigt, das umgekehrt proportional der Masse des Objekts ist, dann ist alles Notwendige gesagt, um einen einigermaßen begabten Mathematiker in die Lage zu versetzen, sämtliche Schlußfolgerungen aus diesen beiden Prinzipien abzulei-

ten. Da jedoch kein Mensch erwartet, daß Sie jetzt schon soweit
sind, werden wir etwas näher auf diese Folgerungen eingehen
und Sie nicht mit diesen beiden bloßen Prinzipien im Regen stehen lassen. Wir werden kurz die Geschichte der Entdeckung des
Gesetzes der Gravitation oder Massenanziehung erzählen und
einige Folgerungen daraus darstellen, seine Auswirkung auf die
Geschichte, die Geheimnisse, die ein solches Gesetz in sich birgt,
sowie einige von Einstein vorgenommene Weiterentwicklungen
und Verbesserungen des Gesetzes erörtern; zudem wollen wir
kurz auf die Beziehung dieses physikalischen Gesetzes zu andern
eingehen. In einem einzigen Kapitel ist all dies gar nicht unterzu-
bringen, daher werden diese Themen an jeweils passender Stelle
in späteren Kapiteln behandelt.

Die Geschichte beginnt in der Antike mit der Beobachtung der
Planetenbewegungen am Sternenhimmel; sie mündete letztlich
in der Schlußfolgerung, daß sie um die Sonne wandern, eine Tatsache, die Kopernikus später neu entdeckte. *Wie* genau die Planeten sich um die Sonne bewegen, *welcher Bahn* genau sie folgen,
das herauszufinden erforderte etwas mehr Arbeit. Zu Beginn des
15. Jahrhunderts debattierte man erbittert, ob sie wirklich die
Sonne umkreisen oder nicht. Schließlich hatte Tycho Brahe eine
Idee, die sich von allem unterschied, was seine Vorgänger zur Diskussion gestellt hatten: Er war der Ansicht, diese Fragen könnten
am besten geklärt werden, indem man die tatsächliche Position
der Planeten am Himmel so genau wie möglich bestimmte. Falls
Messungen genau aufzeigten, wie die Planeten sich bewegen,
ließe sich vielleicht der eine oder andere Standpunkt unter-
mauern. Eine großartige Idee – um etwas herauszubekommen,
solle man lieber einige sorgfältige Experimente durchführen,
als sich in ausufernden philosophischen Streitgesprächen zu
verausgaben. Um seine Vorstellungen umzusetzen, erforschte Tycho Brahe viele Jahre lang in seinem Observatorium auf der Insel
Hven, nahe Kopenhagen, die genaue Position der Planeten. Er
fertigte umfangreiche Tabellen an; nach seinem Tod studierte

der Mathematiker Kepler diese und leitete aus den Daten einige wunderschöne, bemerkenswerte und einfache Gesetze zu den Planetenbahnen ab.

Die Keplerschen Gesetze

Als erstes stellte Kepler fest, jeder Planet umkreist die Sonne auf einer *Ellipse* genannten gekrümmten Bahn, deren einer Brennpunkt oder Focus die Sonne ist. Eine Ellipse ist nicht einfach ein Oval, sondern eine sehr spezielle, präzise Kurve, die man mit Hilfe jeweils eines kleinen Nagels für jeden Brennpunkt sowie einer Schnur und eines Bleistifts bildlich darstellen kann; mathematisch gesehen ist sie der geometrische Ort aller Punkte, bei denen die Summe aller Entfernungen von zwei festgelegten Punkten (eben den Foci oder Brennpunkten) konstant ist. Oder, wenn Sie wollen, ein verkürzter Kreis (siehe Abbildung 5.1).

Die zweite Beobachtung Keplers bestand darin, daß die Planeten sich nicht mit gleichbleibender Geschwindigkeit um die Sonne bewegen; vielmehr wandern sie schneller, wenn sie sich in größerer Nähe zur Sonne befinden, und langsamer, wenn sie weiter von ihr entfernt sind. Dies unterliegt folgender Gesetzmäßigkeit: Angenommen, man beobachtet einen Planeten zu zwei unterschiedlichen Zeitpunkten, sagen wir einmal: im Abstand einer Woche, und berechnet von jeder Beobachtungsposition aus den

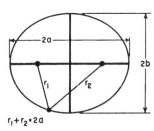

Abb. 5.1: Ellipse

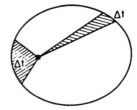

Abb. 5.2: Keplers Flächengesetz

Radiusvektor* zu dem Planeten, dann decken die von dem Planeten in einer Woche zurückgelegte bogenförmige Bahn und die
beiden Radiusvektoren eine bestimmte Fläche ab, die auf Abbildung 5.2 schraffiert ist. Stellt man also innerhalb des Zeitraums
von einer Woche an einer Stelle der Umlaufbahn, die weiter von
der Sonne entfernt ist (wo der Planet sich also langsamer bewegt),
zwei ähnliche Beobachtungen an, ist in beiden Fällen diese Fläche genau die gleiche. Entsprechend diesem zweiten Keplerschen
Gesetz ist daher die Umlaufgeschwindigkeit eines jeden Planeten
so, daß der Radius innerhalb eines jeweils gleichen Zeitraums die
jeweils gleiche Fläche »überstreicht«.

Sehr viel später entdeckte Kepler ein drittes Gesetz, das in eine
ganz andere Kategorie fällt als die beiden vorhergehenden, da
es hierbei nicht nur um einen einzelnen Planeten geht, sondern
ein Planet mit einem anderen in Beziehung gesetzt wird. Dieses
Gesetz besagt, wenn man die Umlaufdauer und die Länge der Umlaufbahn von zwei beliebigen Planeten vergleicht, verhalten die
Perioden sich proportional der 1,5ten Potenz der Größe der Umlaufbahn. Eine Periode ist die Zeit, die der Planet für eine vollständige Umlaufbahn braucht; die Strecke, die er dabei zurücklegt, mißt man mittels der Länge des größten Durchmessers der
elliptischen Bahn, technisch als Hauptachse bezeichnet. Einfacher

---

* Der Radiusvektor ist die Verbindungslinie zwischen der Sonne und jedem beliebigen Punkt in der Umlaufbahn des Planeten.

gesagt: Beschrieben die Planeten Kreise – was ja annähernd der Fall ist –, wäre die für die vollständige Kreisbahn erforderliche Zeit der 1,5ten Potenz des Durchmessers (oder des Radius) proportional. Die drei Keplerschen Gesetze lauten also folgendermaßen:

I. Jeder Planet bewegt sich auf einer Ellipsenbahn um die Sonne, die einen Brennpunkt dieser Ellipse darstellt.

II. Der Radiusvektor von der Sonne zum Planeten überstreicht in gleichen Zeitabschnitten gleiche Flächen.

III. Die Quadrate der Umlaufzeiten oder Perioden zweier beliebiger Planeten sind den Kuben (den dritten Potenzen) der Hauptachsen ihrer jeweiligen Umlaufbahnen proportional: $T \sim a^{3/2}$.

Die Erforschung der Dynamik

Zu der Zeit, als Kepler diese Gesetze entdeckte, erforschte Galilei die Bewegungsgesetze. Die Frage lautete: Was setzt und hält die Planeten in Bewegung? (Damals wurde neben anderen die Theorie vertreten, die Planeten bewegten sich im Kreis, weil hinter ihnen unsichtbare Engel stünden, die mit den Flügeln schlügen und so die Planeten vorwärtstrieben. Wie Sie sehen werden, wurde diese Theorie in neuerer Zeit etwas abgeändert wiederaufgegriffen! Es stellt sich nämlich heraus, daß jene unsichtbaren Engel in einer anderen Richtung fliegen müssen, um die Planeten in Bewegung zu halten, und keine Flügel haben. Ansonsten ist die jetzige Vorstellung durchaus dieser früheren ähnlich!) Galilei entdeckte eine bemerkenswerte Tatsache, die für das Verständnis dieser Gesetze von ausschlaggebender Bedeutung ist: das Prinzip der *Trägheit* – wenn etwas sich völlig ungestört und ohne von irgend etwas berührt zu werden bewegt, wird es sich ewig so weiterbewegen und mit gleichförmiger Geschwindigkeit geradlinig dahintreiben. (*Warum* das so ist? Wir wissen es nicht, aber so ist es.)

Newton faßte diese Idee präziser, indem er erklärte, die einzige Möglichkeit, die Bewegung eines Körpers zu verändern, bestehe darin, eine *Kraft* auszuüben. Beschleunigt er sich, so wurde eine Kraft *in Richtung der Bewegung* angewandt. Nimmt die Bewegung hingegen eine *andere Richtung*, wurde *von der Seite her* Kraft eingesetzt. Newton ergänzte also die ursprüngliche Vorstellung durch die Auffassung, daß eine Kraft notwendig ist, um Geschwindigkeit oder *Richtung* der Bewegung eines Körpers zu verändern. Befestigt man beispielsweise einen Stein an einer Schnur und wirbelt ihn im Kreis herum, bedarf es einer Kraft, um ihn in dieser kreisförmigen Bewegung zu halten: Wir müssen an der Schnur *ziehen*. Tatsächlich besagt das Gesetz, die durch Kraftanwendung bewirkte Beschleunigung ist der Masse umgekehrt proportional beziehungsweise die Kraft ist der Masse multipliziert mit der Beschleunigung proportional. Je schwerer etwas ist, desto mehr Kraft muß man aufwenden, um eine bestimmte Beschleunigung zu erzielen. (Die Masse kann man messen, indem man andere Steine an den gleichen Strick bindet und sie auf der gleichen Kreisbahn und mit der gleichen Geschwindigkeit herumwirbelt. Auf diese Weise stellt man fest, der Gegenstand mit der größeren Masse erfordert mehr Kraft.) Aus diesen Überlegungen folgt die brillante Vorstellung, daß keine *tangentiale* Kraft benötigt wird, um einen Planeten auf seiner Umlaufbahn zu halten (die Engel brauchen nicht tangential zu fliegen), da der Planet ohnehin in dieser Richtung dahintriebe. Bliebe er völlig ungestört, würde er sich *geradlinig* weiterbewegen. Seine tatsächliche Bewegung weicht jedoch von der Richtung ab, die er ohne jegliche Krafteinwirkung genommen hätte, und im wesentlichen verläuft diese Abweichung *rechtwinklig* zur Bewegung, nicht in Richtung der Bewegung. Anders gesagt: Aufgrund des Trägheitsprinzips ist die zur Steuerung der Bewegung eines Planeten um die Sonne erforderliche Kraft nicht *um die Sonne herum*, sondern *auf sie hin* gerichtet. (Und wenn eine Kraft auf die Sonne gerichtet ist, könnte natürlich die Sonne der Engel sein!)

Newtons Gravitationsgesetz

Aufgrund seines besseren Verständnisses der Theorie der Bewegung gelangte Newton zu der Einschätzung, die *Sonne* könnte Sitz und »Schaltzentrale« für die Kräfte sein, die die Planetenbewegungen steuern. Und er bewies für sich selber (und vielleicht sind wir auch bald in der Lage, dies zu beweisen), ebendie Tatsache, daß in gleichen Zeiträumen gleiche Flächen überstrichen werden, sei ein eindeutiger Hinweis für einen exakt *radialen* Verlauf aller Richtungsänderungen – das Flächengesetz (das zweite Keplersche Gesetz) sei also eine unmittelbare Folge der Vorstellung, daß alle Kräfte direkt *auf die Sonne* gerichtet sind.

Als nächstes kann man mittels einer Analyse des dritten Keplerschen Gesetzes zeigen, je weiter der Planet entfernt ist, desto schwächer sind die Kräfte. Vergleicht man zwei Planeten, die sich in unterschiedlicher Entfernung von der Sonne befinden, zeigt sich, die Kräfte sind den Quadraten der jeweiligen Entfernungen umgekehrt proportional. Aus der Kombination dieser beiden Gesetze zog Newton den Schluß, es müsse eine dem Quadrat der Entfernung umgekehrt proportionale Kraft entlang der Verbindungslinie zwischen den beiden Objekten geben.

Da Newton ein beachtliches Gespür für Verallgemeinerungen hatte, nahm er natürlich an, dieses Verhältnis gelte auch umfassender und nicht nur für die Sonne, die die Planeten auf ihrer Bahn hält. Beispielsweise wußte man bereits, daß der Jupiter Monde hat, die ihn umkreisen, so wie der Mond die Erde umläuft, und Newton war sich sicher, jeder Planet halte seine Monde mit einer bestimmten Kraft fest. Da er bereits über die Kraft Bescheid wußte, die *uns* auf der Erde hält, stellte er die These auf, es handle sich um eine universelle Kraft – *daß alles alles andere anzieht.*

Die nächste Frage war, ob die Anziehungskraft, die die Erde auf die Menschen, die sie bewohnen, ausübt, die »gleiche« wie ihre Anziehungskraft auf den Mond, das heißt dem Quadrat der Entfernung umgekehrt proportional ist. Fällt ein Gegenstand auf der Erdoberfläche in der ersten Sekunde nach seiner Freisetzung aus dem Ruhezustand 5 Meter tief, wie weit fällt der Mond dann innerhalb des gleichen Zeitraums? Man könnte sagen, eigentlich falle der Mond überhaupt nicht. Wenn jedoch keine Kräfte auf den Mond einwirkten, flöge er geradewegs davon; statt dessen umkreist er aber die Erde – in Wirklichkeit *fällt* er also in bezug auf die Stelle, an der er sich ohne Krafteinwirkung befände, *nach innen.* Aus dem Radius der Umlaufbahn des Mondes (etwa 385 000 Kilometer) sowie der Zeit, die er braucht, um die Erde zu umkreisen (annähernd 29 Tage), können wir berechnen, wie weit der Mond sich innerhalb einer Sekunde auf seiner Bahn bewegt; daraus wiederum läßt sich schließen, wie weit er in einer Sekunde fällt*: ungefähr 0,13 Zentimeter pro Sekunde. Das paßt recht gut zu dem Gesetz des umgekehrten Abstandsquadrats, da der Erdradius etwa 6371 Kilometer mißt; wenn ein 6371 Kilometer vom Erdmittelpunkt entfernter Gegenstand in einer Sekunde 5 Meter fällt, müßte etwas, das sechzigmal so weit, also etwa 385 000 Kilometer entfernt ist, lediglich $\frac{1}{3600}$ von 5 Metern fallen; dies entspricht ebenfalls ungefähr 0,13 Zentimeter. Mittels ähnlicher Berechnungen wollte Newton seine Theorie der Gravitation überprüfen; er führte diese Kalkulationen äußerst gewissenhaft durch, doch es ergab sich eine derart große Unstimmigkeit, daß er den Schluß zog, die Fakten widersprächen seiner Theorie. Folglich veröffentlichte er seine Ergebnisse nicht. Sechs Jahre später zeigte eine erneute Messung der Größe der Erde, daß die Astronomen bislang von einer falschen Entfernung zum Mond ausgegangen waren. Als Newton dies erfuhr, führte er seine Berechnungen noch einmal durch, diesmal mit den berichtigten Zahlen, und kam auf eine wunderbare Übereinstimmung.

---

* Das heißt, wie weit die Kreisbahn des Mondes unter die geradlinige Tangente zu der Stelle, an der er sich vor 1 Sekunde befand, fällt.

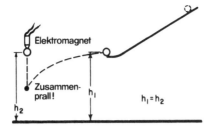

Abb. 5.3: Vorrichtung zur Demonstration der Unabhängigkeit
von vertikaler und horizontaler Bewegung

Diese Vorstellung, der Mond »falle«, ist leicht verwirrend, da er
ja, wie Sie sehen, auch nicht ein Stück *näher* kommt. Und sie ist
interessant genug, um näher erklärt zu werden: Der Mond fällt
insofern, *als er von der geraden Bahn herunterfällt, die er einschlüge,*
wären keine Kräfte wirksam. Wir wollen uns ein Beispiel auf der
Erdoberfläche ansehen. Ein nahe dem Erdboden losgelassener
Gegenstand fällt innerhalb der ersten Sekunde 5 Meter. Ein in *ho-*
rizontaler Richtung abgeschossenes Objekt fällt ebenfalls 5 Meter,
auch wenn es sich in horizontaler Richtung bewegt – trotzdem
fällt es in derselben Zeit ebenfalls um 5 Meter. Abbildung 5.3
zeigt einen Apparat, der dies veranschaulicht. Auf der horizonta-
len Bahn befindet sich eine Kugel, die ein kleines Stück vorwärts-
getrieben wird. Auf gleicher Höhe liegt eine Kugel, die vertikal
herunterfällt. Zudem ist ein elektrischer Schalter so eingestellt,
daß in dem Augenblick, da die erste Kugel ihre Bahn verläßt,
auch die zweite losgelassen wird. Sie fallen beide zum gleichen
Zeitpunkt gleich tief – was dadurch bestätigt wird, daß sie mitten
in der Luft zusammenprallen. Ein Objekt wie ein Geschoß, das
horizontal abgefeuert wird, könnte in einer Sekunde einen langen Weg zurücklegen – möglicherweise 600 Meter –, dennoch
fällt es 5 Meter, wenn es in horizontale Richtung zielt. Was geschieht, wenn wir ein Geschoß immer schneller abfeuern? Vergessen Sie nicht – die Eroberfläche ist gekrümmt. Feuern wir das Geschoß schnell genug ab, dann bleibt es auf gleicher Höhe über

dem Erdboden wie zuvor, auch wenn es 5 Meter tief fällt. Wie das? Es fällt trotzdem, doch die Erde krümmt sich weg, es fällt also »um« die Erde »herum«. Die Frage ist, welche Strecke es innerhalb 1 Sekunde zurücklegen muß, damit die Erde 5 Meter unter dem Horizont liegt. Auf Abbildung 5.4 sehen wir die Erde mit ihrem Radius von 6371 Kilometern sowie die tangentiale, geradlinige Bahn, die das Geschoß einschlüge, wäre da nicht eine Kraft. Ziehen wir nun eines jener wundervollen geometrischen Theoreme heran, das besagt, die Länge unsere Tangente entspreche dem geometrischen Mittel der beiden Teile des durch eine gleich große, parallele Sehne geteilten Durchmessers, dann sehen wir, die in horizontaler Richtung zurückgelegte Entfernung ist das Mittel zwischen den 5 Metern, die das Geschoß nach unten fällt, und dem Durchmesser der Erde, nämlich circa 12 800 Kilometern. Die Quadratwurzel aus 2 x 0,005 x 6400 liegt sehr nahe bei 8 Kilometern. Wenn also das Geschoß mit einer Geschwindigkeit von 8 Kilometern pro Sekunde dahinfliegt, fällt es mit der gleichen Rate von 5 Metern pro Sekunde zur Erde, kommt ihr jedoch nicht näher, da die Erde sich von ihm weg krümmt. Deshalb konnte Gagarin im Weltraum schweben, obwohl er mit einer Geschwindigkeit von annähernd 8 Kilometern pro Sekunde

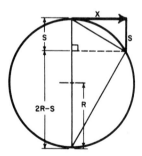

Abb. 5.4: Beschleunigung zum Mittelpunkt einer Kreisbahn.
Aus der Geometrie ergibt sich $x/s = (2 R - S)/x \approx 2 R/x$; R ist der Erdradius (6371 km), x die während einer Sekunde zurückgelegte Entfernung, S die in einer Sekunde »durchfallene« Entfernung (5 m).

40 000 Kilometer weit die Erde umkreise. (Er brauchte etwas länger, da er sich etwas höher befand.)

Jede großartige Entdeckung eines neuen Gesetzes ist nur dann von Nutzen, wenn wir mehr herausholen können, als wir hineinstecken. Nun, Newton *nutzte* das zweite und dritte Keplersche Gesetz, um sein Gesetz der Gravitation abzuleiten. Und was *sagte er voraus?* Erstens handelte es sich bei seiner Berechnung der Mondbewegung um eine Voraussage, da sie das Fallen von Gegenständen auf der Erdoberfläche mit dem des Mondes in Zusammenhang brachte. Zweitens ist es die Frage, *ob die Umlaufbahn eine Ellipse ist.* In einem der folgenden Kapitel werden wir sehen, wie man diese Bewegung genau berechnen und in der Tat beweisen kann, daß es sich um eine Ellipse handeln müßte.* Folglich bedarf es keiner zusätzlichen Fakten, um Keplers *erstes* Gesetz zu beweisen. Auf diese Weise traf Newton seine erste überzeugende Vorhersage.

Das Gravitationsgesetz erklärte zahlreiche Phänomene, die man vorher nicht verstanden hatte. Beispielsweise bewirkt die Anziehung, die der Mond auf die Erde ausübt, die bis dahin geheimnisumwitterten Gezeiten. Der Mond zieht das Wasser unter ihm an und löst so die Gezeiten aus – man war schon vorher dieser Ansicht, allerdings nicht so klug wie Newton gewesen und hatte daher angenommen, es gäbe nur einmal pro Tag einen Gezeitenwechsel. Man dachte sich das folgendermaßen: Der Mond zieht das Wasser, das sich unter ihm befindet, an und löst eine Ebbe und eine Flut aus; da die Erde unter ihm sich dreht, hebt und senkt das Wasser sich an einem Ort alle vierundzwanzig Stunden einmal. In Wirklichkeit kommt es alle zwölf Stunden zu einem Gezeitenwechsel. Laut einer anderen Lehrmeinung sollte die Flut jeweils auf der anderen Seite der Erde auftreten, da, so behauptete man, der Mond die Erde vom Wasser wegziehe! Beide Theorien sind falsch. Vielmehr läuft das Ganze so ab: Die Anziehungs-

---

* Die Beweisführung erfolgt nicht in diesem Kurs.

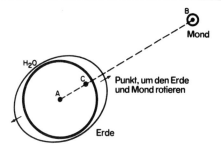

Abb. 5.5: Erde-Mond-System mit Gezeiten

kraft des Mondes auf Erde und Wasser wird in der Mitte »ausgeglichen«. Das Wasser, das sich näher beim Mond befindet, wird jedoch stärker, das Wasser, das weiter entfernt ist, schwächer angezogen als im Durchschnitt. Zudem fließt Wasser, was die starre Erde nicht kann. Der eigentliche Sachverhalt ist eine Kombination aus beidem.

Was verstehen wir unter »ausgeglichen«? Was gleicht sich aus? Wenn der Mond die gesamte Erde zu sich heranzieht, warum fällt dann die Erde nicht geradewegs zum Mond »hinauf«? Weil die Erde sich des gleichen Tricks bedient wie der Mond – sie bewegt sich auf einer kreisförmigen Bahn um einen Punkt in ihrem Inneren, jedoch nicht in ihrem Mittelpunkt. Der Mond umkreist nicht einfach die Erde, sondern beide, die Erde wie auch der Mond, umkreisen eine zentrale Stelle, und beide fallen auf diesen gemeinsamen Ort zu, wie Abbildung 5.5 zeigt. Diese Bewegung um einen gemeinsamen Mittelpunkt gleicht beider Fallen aus. Auch die Erde bewegt sich also nicht geradlinig, sondern kreisförmig. Das Wasser auf der weiter entfernten Seite ist »unausgeglichen«, da hier die Anziehung des Mondes schwächer ist als im Erdmittelpunkt, wo sie gerade eben die »Zentrifugalkraft« ausgleicht. Das Ergebnis dieses Ungleichgewichts ist, daß das Wasser sich vom Mittelpunkt der Erde weghebt. Auf der näher gelegenen Seite wirkt die Anziehung des Mondes stärker, daher besteht das Ungleichgewicht in entgegengesetzter Richtung im Raum, doch ebenfalls vom Erdmittelpunkt *weg*. Das Endergebnis sind *zwei* Tiden.

Die universelle Gravitation

Was können wir sonst noch verstehen, wenn wir die Gravitation begreifen? Jedermann weiß, die Erde ist rund. Warum ist sie rund? Ganz einfach: aufgrund der Gravitation: Die Erde ist rund, weil alles alles andere anzieht, folglich hat sie sich selber so weit wie nur möglich zusammengezogen! Wenn wir noch weiter gehen, können wir sagen, die Erde ist nicht ganz *exakt* eine Kugel, da sie rotiert; dadurch kommen zentrifugale Kräfte ins Spiel, die nahe dem Äquator dazu neigen, der Gravitation entgegenzuwirken. Es stellt sich heraus, daß die Erde elliptisch sein müßte, und wir können sogar die richtige Form der Ellipse berechnen. Auf diese Weise läßt sich allein mittels des Gravitationsgesetzes ableiten, daß die Sonne, der Mond und die Erde (fast) kugelförmig sein sollten.

Und was können wir sonst noch mit dem Gravitationsgesetz anfangen? Wenn wir uns die Jupitermonde ansehen, verstehen wir ihre Bewegung um den Planeten voll und ganz. Ganz nebenbei bemerkt: Bei den Jupitermonden trat eine Schwierigkeit auf, die zu erwähnen sich lohnt. Olaf Römer untersuchte diese Satelliten sehr sorgfältig und entdeckte, gelegentlich waren sie dem Zeitplan voraus, manchmal hingegen hinkten sie hinterher. (Man kann die Umlaufzeiten herausfinden, wenn man lange genug wartet und schließlich feststellt, wie lange sie im Schnitt für eine Umkreisung benötigen.) Nun waren sie ein wenig *zu früh* dran, wenn der Jupiter sich besonders *nahe* bei der Erde befand, und ein wenig *zu spät*, wenn er *weiter weg* von der Erde war. Dies mit Hilfe des Gravitationsgesetzes zu erklären wäre sehr schwierig gewesen – es hätte sogar die Widerlegung dieser wundervollen

Theorie bedeutet, hätte man nicht eine andere Erklärung dafür gefunden. Wenn ein Gesetz auch nur an einem *einzigen* Ort nicht zutrifft, wo dies der Fall sein sollte, dann ist es schlicht falsch. Diese Unstimmigkeit hatte einen äußerst einfachen und sehr schönen Grund: Es dauert eine Weile, bis wir die Jupitermonde *sehen,* und zwar aufgrund der Zeit, die das Licht benötigt, um vom Jupiter bis zur Erde zu gelangen. Ist der Jupiter der Erde näher, so ist diese Zeitspanne geringer, ist er weiter von ihr entfernt, dauert es länger. Aus diesem Grund schienen die Monde immer ein wenig zu früh oder zu spät dran zu sein, je nachdem, ob sie sich näher bei der Erde befinden oder weiter davon entfernt sind. Dieses Phänomen machte klar, Licht pflanzt sich nicht von einem Augenblick zum anderen fort, und lieferte die erste Schätzung der Lichtgeschwindigkeit. Das war 1656.

Wenn alle Planeten aufeinander einwirken und sich abstoßen und anziehen, dann ist die Kraft, die beispielsweise die Umlaufbahn des Jupiters um die Sonne reguliert, nicht nur die von ihr ausgeübte; vielmehr wirkt auch eine Anziehungskraft des, sagen wir einmal, Saturns. Besonders groß ist diese Kraft nicht, da die Sonne weit gewaltiger ist als der Saturn, doch eine *gewisse* Anziehung besteht, folglich sollte die Umlaufbahn des Jupiters keine vollkommene Ellipse sein, und das ist sie in der Tat nicht; sie weicht geringfügig ab und »wobbelt« um die korrekte elliptische Umlaufbahn. Eine derartige Bewegung ist etwas komplizierter. Man unternahm etliche Versuche, auf der Grundlage des Gravitationsgesetzes die Bewegungen von Jupiter, Saturn und Uranus zu analysieren. Um zu sehen, ob die winzigen Abweichungen und Unregelmäßigkeiten in ihren Umlaufbahnen sich aus dieser einen einzigen Gesetzmäßigkeit verstehen ließen, wurden die Einwirkungen eines jeden dieser Planeten auf die anderen berechnet. Und siehe da, bei Jupiter und Saturn traf dies zu; Uranus jedoch verhielt sich irgendwie »komisch«, auf recht seltsame Weise: Er folgte nicht einer exakten Ellipse, was infolge der Anziehung von Jupiter und Saturn verständlich war, doch selbst wenn man diese Kräfte in Betracht zog, war seine Umlaufbahn *immer noch nicht* so, wie sie sein sollte; folglich standen die Gravitationsgesetze auf dem Spiel – eine durchaus ernst zu nehmende Gefahr. Adams und Leverrier zogen unabhängig voneinander in England und Frankreich eine andere Möglichkeit in Betracht: Vielleicht gab es einen *weiteren* Planeten, dunkel und unsichtbar, den die Menschen noch nicht gesehen hatten. Dieser Planet *N* könnte Uranus anziehen. Sie berechneten, wo ein solcher Planet sich befinden müßte, um die beobachteten Störungen zu erklären. Dann schickten sie Botschaften an die beiden zuständigen Observatorien: »Meine Herren, richten Sie Ihre Teleskope auf die und die Stelle, und Sie werden einen neuen Planeten sehen.« Oft hängt es davon ab, mit wem man zusammenarbeitet, ob andere einen zur Kenntnis nehmen oder nicht. Leverrier schenkten sie Beachtung; sie taten, wie geheißen, und da war Planet *N!* Daraufhin vergewisserte sich innerhalb der nächsten paar Tage auch das andere Observatorium und entdeckte ihn ebenfalls.

Diese Entdeckung zeigt, innerhalb des Sonnensystems sind Newtons Gesetze völlig zutreffend; doch gelten sie auch über die relativ kleinen Bereich, in dem sich die nächstgelegenen Planeten befinden, hinaus? Als erstes muß man untersuchen, ob *Sterne* einander ebenso anziehen wie Planeten. Wir haben einen eindeutigen Beweis dafür, daß dies bei *Doppelsternen* der Fall ist. Abbildung 5.6

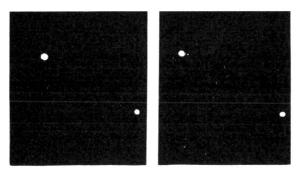

Abb. 5.6: Doppelsternsystem

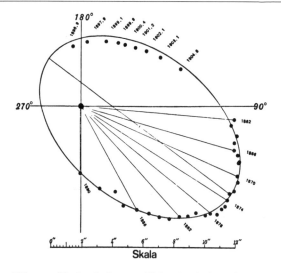

Abb. 5.7: Umlaufbahn von Sirius *B* relativ zu Sirius *A*

zeigt einen solchen Doppelstern – zwei sehr nahe nebeneinander befindliche Sterne (auf dem Bild ist noch ein dritter zu sehen, damit wir wissen, die Fotografie wurde nicht einfach umgedreht). Das zweite Bild zeigt die Sterne ein paar Jahre später. Wir sehen, in bezug auf den »feststehenden« Stern hat die Achse des Paares sich gedreht, das heißt, die beiden Sternen umkreisen einander. Rotieren sie entsprechend den Newtonschen Gesetzen? Das Ergebnis sorgfältiger Messungen der relativen Positionen eines solchen Doppelsternsystems ist auf Abbildung 5.7 zu sehen: eine wunderschöne Ellipse, mit deren Vermessung man 1862 begann und die bis zum Jahr 1904 fortgesetzt wurde (mittlerweile müßten sie sich noch einmal umeinander gedreht haben). Alles stimmt mit den Newtonschen Gesetzen überein, außer daß der Stern Sirius *A sich nicht im Brennpunkt befindet.* Aber warum? Weil die Ellipsenebene nicht in der »Himmelsebene« liegt. Wir betrachten die Bahnebene nicht unter einem rechten Winkel, und wenn man sich eine Ellipse unter einem schiefen Winkel ansieht, ist sie

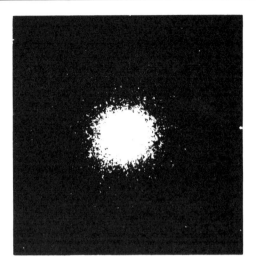

Abb. 5.8: Kugelsternhaufen

zwar nach wie vor eine Ellipse, doch befindet sich der Focus nicht mehr an der gleichen Stelle. Auf diese Weise können wir Doppelsterne analysieren, die einander gemäß den Forderungen des Gravitationsgesetzes umkreisen.

Abbildung 5.8 zeigt, das Gravitationsgesetz gilt selbst über noch größere Entfernungen. Wer nicht erkennt, daß hier Gravitation am Werk ist, der hat keine Seele. Die Abbildung zeigt eine der wundersamsten Himmelserscheinungen – einen Kugelsternhaufen. All die Punkte sind Sterne. Zwar sieht es so aus, als befänden sie sich im Mittelpunkt dicht beieinander, doch dies liegt nur an der Unzulänglichkeit unserer Instrumente. In Wirklichkeit sind die Entfernungen zwischen den Sternen selbst beinahe in der Mitte sehr groß, und sie kollidieren nur sehr selten. In der Mitte des Sternenhaufens befinden sich mehr Sterne als am Rand, und je weiter man nach außen geht, desto weniger werden es. Es liegt auf der Hand, daß zwischen diesen Sternen eine Anziehungskraft wirkt. Und es ist klar, daß auch in diesen ungeheuren Dimensio-

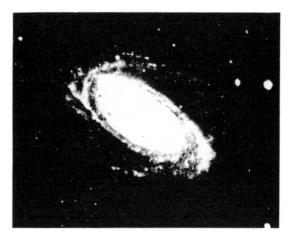

Abb. 5.9: Galaxie

nen – vielleicht 100 000mal so groß wie das gesamte Sonnensystem – Gravitation existiert. Wir wollen nun einen Schritt weitergehen und uns eine *ganze Galaxie* ansehen (Abbildung 5.9). Die Form dieser Galaxie läßt auf eine offenkundige Neigung ihrer Materie schließen, sich zusammenzuballen. Selbstverständlich können wir nicht beweisen, daß das Verhältnis hier genau umgekehrt quadratisch ist, sondern lediglich, daß nach wie vor, selbst bei solch ungeheuren Dimensionen, eine Anziehungskraft wirkt, die das Ganze zusammenhält. Nun könnte man sagen: »Na schön, das ist ja alles recht gescheit, aber warum ist das Ganze nicht einfach eine Kugel?« Weil es sich *um sich selber dreht* und über einen *Drehimpuls* verfügt, der nicht aufgehoben wird, wenn es sich zusammenballt; es muß sich weitgehend in einer Ebene zusammenziehen. (Übrigens, falls Sie auf der Suche nach einem richtig schönen Problem sind: Die genauen Einzelheiten, wie die Arme sich herausbilden und was die Form dieser Galaxien bestimmt, kennt man noch nicht.) Allerdings steht fest, die Form einer solchen Galaxie ist eine Folge der Gravitation, auch wenn die Vielschichtigkeit ihrer jeweiligen Struktur eine vollständige Analyse

Abb. 5.10: Galaxienhaufen

bislang unmöglich gemacht hat. In einer Galaxie muß man mit
einer Größenordnung von 50 000 bis 100 000 Lichtjahren rechnen. Die Entfernung der Erde von der Sonne beträgt 8 1/3 *Licht-
minuten* – Sie sehen also, wie gewaltig diese Dimensionen sind.

Gravitation existiert offenbar in noch größeren Dimensionen,
wie Abbildung 5.10 zeigt, auf der sich viele »kleine« Dinge zu-
sammenballen. Es handelt sich hier um einen *Galaxienhaufen*, so
wie vorhin um einen Sternenhaufen. Galaxien ziehen einander
also über solche Entfernungen hinweg an, daß auch sie sich zu-
sammenballen. Möglicherweise wirkt Gravitation sogar über
Entfernungen von *zig Millionen* Lichtjahren hinweg; soweit wir
wissen, reicht sie offenbar unendlich weit hinaus, und zwar immer
umgekehrt dem Quadrat der Entfernung.

Aufgrund des Gravitationsgesetzes verstehen wir nun nicht nur
die Nebelbildung, sondern können uns auch eine gewisse Vorstellung von der Entstehung der Sterne machen. Wenn wir eine
große Wolke aus Staub und Gas haben, wie sie auf Abbildung 5.11
zu sehen ist, könnte die Anziehung der Staubteilchen untereinander infolge der Gravitation zur Klumpenbildung führen.

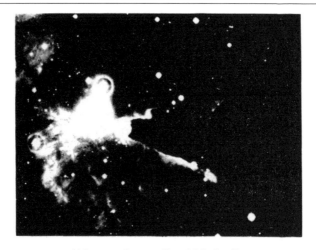

Abb. 5.11: Interstellare Nebelwolke

Auf der Abbildung kaum zu erkennen sind »kleine« schwarze Flecken, die möglicherweise der Beginn einer Zusammenballung von Staub und Gas sind und sich aufgrund ihrer Gravitation allmählich zu Sternen verdichten. Man kann nach wie vor darüber streiten, ob wir je tatsächlich gesehen haben, wie ein Stern sich bildet. Abbildung 5.12 zeigt einen Hinweis, der den Schluß nahelegt, daß dies tatsächlich der Fall ist. Links sehen Sie die Aufnahme einer Gaswolke mit einigen darin verteilten Sternen; sie stammt aus dem Jahre 1947. Das andere Foto wurde lediglich sieben Jahre später aufgenommen; auf ihm sind zwei neue helle Flecken zu erkennen. Hat sich Gas angesammelt, hat Gravitation stark genug gewirkt und es zu einer ausreichend großen Kugel zusammengeballt, damit im Inneren die stellare Kernreaktion einsetzt und sie in einen Stern verwandelt? Vielleicht, vielleicht auch nicht. Es wäre übertrieben anzunehmen, wir hätten so großes Glück gehabt, einen Stern sichtbare Form annehmen zu sehen; doch noch weniger wahrscheinlich ist, daß wir *zwei* gesehen haben könnten!

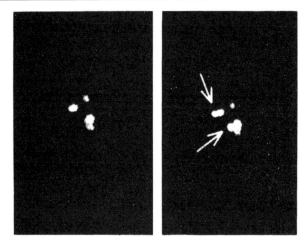

Abb. 5.12: Entstehung neuer Sterne?

Cavendishs Experiment

Gravitation wirkt also über ungeheure Entfernungen. Kommt jedoch zwischen *zwei beliebigen* Objekten eine Kraft zum Tragen, sollten wir eigentlich in der Lage sein, diese mit unseren Objekten zu messen. Anstatt zu betrachten, wie die Sterne sich umeinander drehen, könnten wir doch ebenso eine Bleikugel und eine Murmel nehmen und beobachten, wie die Murmel sich auf die Bleikugel zubewegt, oder? Die Schwierigkeit bei einem auf derart simple Weise durchgeführten Experiment ist die winzige, schwache Kraft. Man muß das Ganze mit äußerster Sorgfalt angehen, und das bedeutet: den Apparat abdecken, um die Luft fernzuhalten, sicherstellen, daß er nicht elektrisch geladen ist, und so weiter; erst dann kann man die Kraft messen. Als erster unternahm dies Henry Cavendish (1731–1810) mit einer Vorrichtung, die auf Abbildung 5.13 schematisch dargestellt ist. Damit zeigte er zum ersten Mal die unmittelbar zwischen zwei großen, fixierten und zwei kleineren Bleikugeln wirksame Kraft; angebracht sind die

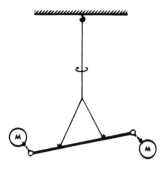

Abb. 5.13: Vereinfachte Darstellung der von Cavendish
verwendeten Apparatur zum Nachweis der universellen
Gravitation für kleine Objekte und zur Messung der
Gravitationskonstanten G.

Kugeln an den beiden Enden eines an einem sehr dünnen, sogenannten Torsions- oder Verdrehungsfaden befestigten Stabes.
Wenn man mißt, wie stark der Faden sich verdreht, kann man die
Stärke der Kraft bestimmen und verifizieren, daß sie umgekehrt
proportional dem Quadrat der Entfernung ist. Auf diese Weise ist
es möglich, den Koeffizienten G in der Formel

$$F = G\,\frac{mm'}{r^2}$$

genau zu bestimmen. Alle Massen und Entfernungen sind bekannt. Jetzt wenden Sie vielleicht ein: »Das wissen wir bereits von
unserer Beschäftigung mit der Erde.« Schon, aber wir kannten die
Masse der Erde nicht. Wenn wir jedoch aufgrund dieses Experiments G kennen und zudem wissen, wie stark die Anziehungskraft
der Erde ist, können wir auf indirekte Weise die Masse der Erde
bestimmen! Man hat dieses Experiment als das »Wiegen der Erde«
bezeichnet. Cavendish nahm zwar für sich in Anspruch, die Erde zu
wiegen, doch in Wirklichkeit maß er den Koeffizienten G des Gravitationsgesetzes, übrigens die einzige Möglichkeit, wie man die
Masse der Erde bestimmen kann. Es stellt sich heraus, G ist gleich

$$6{,}670 \times 10^{-41} \ \frac{\text{N m}^2}{\text{kg}^2}$$

Der Einfluß, den diese großartige Bestätigung der Gravitationstheorie auf die Geschichte der Wissenschaft hatte, läßt sich schwerlich überschätzen. Vergleichen Sie nur einmal die Verwirrung, den Mangel an Selbstvertrauen, das unvollständige Wissen vergangener Epochen und ihre endlosen Debatten und unauflöslichen Paradoxien mit der Klarheit und Einfachheit dieses Gesetzes – der Tatsache, daß alle Monde, Planeten und Sterne einer derart *einfachen Regel* unterliegen und daß darüber hinaus der Mensch dies verstehen und daraus folgern konnte, wie die Planeten sich bewegen müßten! Das erklärt den Erfolg der Naturwissenschaften in den darauffolgenden Jahren, denn es ließ hoffen, andere Phänomene unserer Welt gehorchten möglicherweise ebenfalls so wunderbar einfachen Gesetzen.

Was ist Gravitation?

Doch ist es wirklich ein derart einfaches Gesetz? Was für ein Mechanismus steckt dahinter? Wir haben nichts weiter getan, als zu beschreiben, *wie* die Erde die Sonne umkreist, doch wir haben kein Wort darüber verloren, *was sie in Bewegung hält*. Newton stellte keinerlei Hypothesen darüber auf; er war es zufrieden herauszufinden, *was* da ablief, ohne näher auf den Mechanismus einzugehen. *Und bis heute hat kein Mensch etwas über einen solchen Mechanismus ausgesagt.* Diese Abstraktheit ist für die physikalischen Gesetze bezeichnend. Das Gesetz von der Energieerhaltung ist ein Theorem, das sich auf Mengen bezieht, die man berechnen und addieren muß. Der zugrundeliegende Mechanismus wird nicht erwähnt. In ähnlicher Weise stellen die großen Gesetze der Mechanik, für die man ebensowenig einen Mechanismus kennt, quantitative mathematische Gesetze dar. Warum können wir uns der Mathematik bedienen, um die Natur zu beschreiben, ohne den dahinterstehenden Mechanismus zu kennen? Das weiß kein Mensch. Wir müssen einfach weitermachen, denn nur so finden wir mehr heraus.

Man hat viele Mechanismen, die möglicherweise der Gravitation zugrunde liegen, zur Diskussion gestellt. Einer davon, eine Idee, die viele Leute von Zeit zu Zeit wiederaufgriffen, ist einer näheren Betrachtung wert. »Entdeckt« der Betreffende sie, so freut er sich erst einmal unbändig, doch bald muß er erkennen, die Überlegung stimmt nicht. Zum ersten Mal wurde dieser Mechanismus 1750 festgestellt. Angenommen, viele Teilchen bewegen sich mit sehr hoher Geschwindigkeit in allen Richtungen durch den Raum, und nur ein geringer Teil wird absorbiert, wenn er Materie durchläuft. *Werden* sie allerdings »geschluckt«, geben sie einen Impuls an die Erde. Da jedoch genauso viele die Materie in die eine wie in die andere Richtung durchdringen, gleichen all diese Impulse einander aus. Befindet sich aber die Sonne in der Nähe, werden jene Teilchen, die durch die Sonne hindurch die Erde ansteuern, teilweise absorbiert; folglich gelangen weniger von der Vorderseite der Sonne zu ihr als von der anderen Seite. Daher spürt die Erde einen Gesamtimpuls in Richtung Sonne, und man erkennt auf Anhieb, dieser ist umgekehrt proportional dem Quadrat der Entfernung – und zwar infolge der Änderung des Raumwinkels zur Sonne entsprechend der Veränderung des Abstands von ihr. Was stimmt nicht mit diesem Mechanismus? Er hätte Folgen, die schlicht *nicht wahr* sind. Folgende Schwierigkeit zieht diese spezielle Idee nach sich: Die Erde, die sich um die Sonne dreht, würde mit ihrer Vorderseite auf mehr Teilchen auftreffen als mit ihrer Rückseite (wenn Sie durch den Regen laufen, prasselt dieser stärker auf ihr Gesicht als auf Ihren Hinterkopf!). Folglich würde von der Vorderseite ein stärkerer Impuls an die Erde gegeben; sie würde einen *Widerstand gegen Bewegung* spüren und in ihrer Umlaufbahn langsamer werden. Man kann berechnen, wie lange es dauern würde, bis die Erde infolge dieses

Widerstands stehenbleibt; dieser Mechanismus funktioniert also nicht. Noch nie wurde ein Mechanismus erfunden, der Gravitation »erklärt«, ohne gleichzeitig einige andere Phänomene vorherzusagen, die *nicht* existieren.

Als nächstes wollen wir die mögliche Beziehung zwischen Gravitation und anderen Kräften erörtern. Zur Zeit läßt Gravitation sich nicht in Begriffen anderer Kräfte ausdrücken. Weder ist sie eine Erscheinungsform der Elektrizität noch die von etwas Ähnlichem; wir haben also keine Erklärung für sie. Allerdings sind Gravitation und andere Kräfte einander sehr ähnlich, und es gibt interessante Analogien. Beispielsweise sieht die zwischen zwei geladenen Objekten wirkende elektrische Kraft gerade so aus wie das Gravitationsgesetz: Die elektrische Kraft ist eine Konstante mit einem Minuszeichen multipliziert mit dem Produkt aus den Ladungen und verändert sich umgekehrt proportional zum Quadrat der Entfernung. Sie wirkt in der entgegengesetzten Richtung – Gleiches stößt einander ab. Ist es nicht trotzdem wirklich bemerkenswert, daß bei beiden Gesetzen die gleiche Funktion des Abstands eine Rolle spielt? Vielleicht sind Gravitation und Elektrizität weit enger miteinander verwandt, als wir glauben. Man hat oft versucht, die beiden zu vereinheitlichen; die sogenannte einheitliche Feldtheorie ist nichts weiter als ein eleganter Versuch, Elektrizität und Gravitation miteinander in Verbindung zu bringen; vergleicht man jedoch Gravitation und Elektrizität, dann ist der interessanteste Aspekt die *relative Stärke* der jeweiligen Kraft. Jegliche Theorie, die beide in sich schließt, muß auch ableiten können, wie stark die Gravitation ist.

Nehmen wir in zwei beliebigen natürlichen Einheiten die aufgrund der Elektrizität zwischen zwei Elektronen (der universellen Ladung der Natur) bestehende Abstoßung, dann können wir das Verhältnis der elektrischen Abstoßung zur Anziehungskraft der Gravitation bestimmen. Es ist unabhängig vom Abstand und eine grundlegende Konstante der Natur. Abbildung 5.14 verdeutlicht dieses Verhältnis. Die Anziehungskraft der Gravitation relativ zur

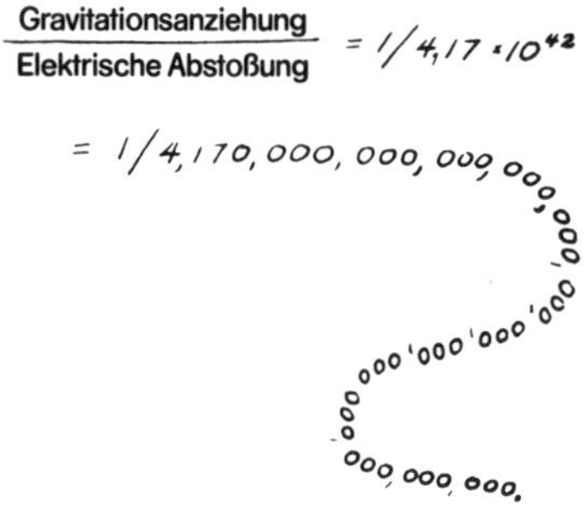

$$\frac{\text{Gravitationsanziehung}}{\text{Elektrische Abstoßung}} = 1/4,17 \cdot 10^{42}$$

$$= 1/4,170,000,000,000,000,000$$

$$000,000,000,000,000,000,000$$

Abb. 5.14: Relative Stärken der elektrischen und der Gravitations-
wechselwirkungen zwischen zwei Elektronen

elektrischen Abstoßung zwischen zwei Elektronen beträgt 1 geteilt
durch $4,17 \times 10^{42}$! Die Frage ist nun, woher kommt eine derart
große Zahl? Sie ist nicht zufällig wie das Verhältnis des Erd-
volumens zum Umfang eines Flohs. Wir haben uns die beiden
natürlichen Aspekte ein und desselben Objekts angesehen: eines
Elektrons. Es handelt sich bei dieser ungeheuren Zahl um eine
natürliche Konstante, sie bezieht sich auf etwas der Natur zutiefst
Zugrundeliegendes. Woher also kommt diese unglaubliche Zahl?
Einige sind der Ansicht, wir würden eines Tages die »universelle
Gleichung finden«, und eine ihrer Lösungen wäre dann diese
Zahl. Es ist ungemein schwierig, eine Gleichung zu finden, in der
diese phantastische Zahl eine natürliche Lösung ist. Auch andere
Möglichkeiten wurden in Betracht gezogen; eine bezieht sich auf
das Alter des Universums. Natürlich müssen wir irgendwo eine
weitere große Zahl finden. Doch meinen wir das Alter der Erde in
Jahren? Nein, denn Jahre sind keine natürliche Einheit; der
Mensch hat sie sich ausgedacht. Lassen Sie uns als Beispiel für etwas Natürliches die Zeit nehmen, die das Licht braucht, um ein
Proton zu durchqueren, nämlich 10^{-24} Sekunden. Vergleichen
wir diese Zeit mit dem Alter des Universums, 2×10^{10} Jahren, ist
das Ergebnis 10^{-42}. Diese Zahl hat ungefähr genauso viele Nullen;
aus diesem Grund kam man auf die Idee, die Gravitationskon-

stante hänge mit dem Alter des Universums zusammen. Wäre dies der Fall, würde die Gravitationskonstante sich mit der Zeit ändern, da das Verhältnis des Alters des Universums zu der Zeit, die Licht braucht, um ein Proton zu durchqueren, allmählich zunimmt. Wäre es möglich, daß die Gravitationskonstante *sich* mit der Zeit *ändert*? Natürlich wären diese Veränderungen so geringfügig, daß es ziemlich schwierig ist, sich in der Hinsicht ganz sicher zu sein.

Eine Methode, um dies zu überprüfen, wäre es zu bestimmen, wie groß die Veränderung in den letzten 10^9 Jahren – das entspricht ungefähr der Zeitspanne seit den ersten Formen von Leben auf der Erde bis jetzt und einem Zehntel des Alters des Universums – gewesen wäre. In dieser Zeit wäre die Gravitationskonstante um etwa 10 Prozent größer geworden. Sehen wir uns die Struktur der Sonne – das Verhältnis zwischen dem Gewicht des Materials, aus dem sie besteht, und der Geschwindigkeit, mit der in ihr Strahlungsenergie erzeugt wird – an, so können wir daraus folgendes ableiten: Wäre die Gravitation um 10 Prozent stärker, wäre die Sonne um mehr als 10 Prozent heller – um die *sechste Potenz* der Gravitationskonstante! Berechnen wir nun, was mit der Umlaufbahn der Erde geschieht, wenn die Anziehungskraft der Erde sich ändert, kommen wir zu dem Schluß, die Erde wäre damals der Sonne *näher* gewesen. Aufs Ganze gesehen, wäre die Erde ungefähr 100 Grad Celsius heißer, und alles Wasser wäre nicht in Form von Meeren, sondern als Wasserdampf in der Luft vorhanden gewesen; Leben hätte mithin nicht im Meer seinen Anfang nehmen können. Wir glauben also *nicht,* daß die Gravitationskonstante sich mit dem Alter des Universums ändert. Argumentationen dieser Art sind nicht sehr überzeugend, aber das Thema ist durchaus noch nicht abgeschlossen.

Fest steht, die Stärke der Gravitation ist der *Masse* proportional, jener Größe, die grundsätzlich ein Maß für *Trägheit* ist – dafür, wie schwer etwas, das sich auf einer Kreisbahn bewegt, festzuhalten ist. Daher bleiben zwei Objekte, ein schweres und ein leichtes, die aufgrund der Schwerkraft auf der gleichen Bahn und mit der gleichen Geschwindigkeit ein größeres Objekt umkreisen, zusammen, denn sich im Kreis zu bewegen *erfordert* bei einer größeren Masse mehr Kraft. Das heißt, bei einem gegebenen Objekt ist die Anziehungskraft *genau im richtigen Maße* stärker, folglich bleiben die beiden Objekte weiter zusammen auf ihrer Umlaufbahn. Wäre eines in dem anderen, würde es drinnen *bleiben* – ein vollkommenes Gleichgewicht. Folglich empfanden Gagarin und Titov Gegenstände in einem Raumschiff als »schwerelos«; hätten sie beispielsweise zufällig ein Stück Kreide losgelassen, hätte es die Erde auf der gleichen Bahn umkreist wie das ganze Raumschiff; es hätte daher für sie so ausgesehen, als schwebe es vor ihnen im Raum. Interessanterweise ist diese Kraft der Masse *genau* proportional; wäre sie nicht exakt proportional, träte irgendein Effekt ein, infolgedessen Trägheit und Gewicht sich unterschieden. Mit großer Genauigkeit überprüfte 1909 Eötvös – und in jüngerer Zeit Dicke – das Fehlen eines solchen Effekts. Bei sämtlichen getesteten Substanzen sind Masse und Gewicht auf ein Milliardstel oder noch weniger exakt proportional – ein bemerkenswertes Experiment.

Gravitation und Relativität

Ein weiteres diskussionswürdiges Thema ist Einsteins Modifizierung des Newtonschen Gravitationsgesetzes. Denn trotz aller Aufregung, die es hervorrief, ist es nicht korrekt! Einstein änderte es ab, um die Relativitätstheorie zu berücksichtigen. Laut Newton tritt der Gravitationseffekt augenblicklich ein, das heißt, bewegten wir eine Masse, würden wir infolge des neuen Ortes der Masse sofort eine neue Kraft spüren; auf diese Weise könnten wir mit unendlicher Geschwindigkeit Signale aussenden. Einstein brachte nun Einwände vor, die den Schluß nahelegen, daß wir *Signale nicht schneller als mit Lichtgeschwindigkeit senden können;* folglich muß das Gravitationsgesetz falsch sein. Indem er es korrigierte, um die Verzögerungen in Betracht zu ziehen, stellte Einstein ein neues Gesetz auf, das man als Einsteinsches Gravitationsgesetz bezeichnet. Eine leicht verständliche Aussage dieses Gesetzes lautet folgendermaßen: In Einsteins Relativitätstheorie besitzt alles, was *Energie* hat, auch eine Masse – Masse in dem Sinne, daß es der Gravitation unterliegt. Selbst Licht, das über Energie verfügt, hat eine »Masse«. Rast ein engergiegeladener Lichtstrahl an der Sonne vorbei, wird er von ihr angezogen. Daher verläuft er nicht geradlinig, sondern wird abgelenkt. Beispielsweise sollten die Sterne in der Nähe der Sonne während einer Sonnenfinsternis von der Stelle, wo sie sich befänden, wäre die Sonne nicht da, verschoben erscheinen; das wurde in der Tat beobachtet.

Zum Schluß wollen wir die Gravitation mit anderen Theorien vergleichen. In jüngerer Zeit entdeckte man, jegliche Materie besteht aus winzigen Teilchen, zwischen denen verschiedene Arten von Wechselwirkungen stattfinden, etwa Kernkräfte und so weiter. Bislang konnte man mit keiner dieser nuklearen oder elektrischen Kräfte die Gravitation erklären. Die quantenmechanischen Aspekte der Natur wurden noch nicht auf die Gravitation übertragen. Ist die Größenordnung so klein, daß wir die quantenmechanischen Effekte brauchen, dann sind die Auswirkungen der Gravitation so schwach, daß bislang kein Bedarf an einer Quantentheorie der Gravitation besteht. Andererseits wäre es um der Widerspruchsfreiheit unserer physikalischen Theorien willen wichtig zu sehen, ob das an Einsteins Gesetz angepaßte Newtonsche Gesetz noch weitgehender modifiziert werden kann, damit es mit der Unschärferelation übereinstimmt. Diese Abänderung steht noch aus.

SECHS

DAS VERHALTEN DER QUANTEN

Atomare Mechanik

In den letzten Kapiteln haben wir die für ein Verständnis des Großteils der wirklich wichtigen Phänomene des Lichts – der elektromagnetischen Strahlung allgemein – notwendigen Grundideen behandelt. (Einige spezielle Themen haben wir uns für nächstes Jahr aufgespart, insbesondere die Theorie des Brechungsindex dichter Stoffe und die Totalreflexion.) Wir haben uns mit der sogenannten »klassischen Theorie« elektrischer Wellen befaßt, die, wie sich herausstellte, eine vollkommen angemessene Beschreibung einer Vielzahl von Naturerscheinungen darstellt. Über die Tatsache, daß Lichtenergie in Form von Klümpchen oder »Photonen« auftritt, brauchten wir uns noch nicht den Kopf zu zerbrechen.

Als nächstes Thema gehen wir das Problem des Verhaltens von Materieteilchen an – beispielsweise ihre mechanischen und thermischen Eigenschaften. In diesem Zusammenhang werden wir feststellen, die »klassische« (oder ältere) Theorie versagt beinahe augenblicklich, da Materie in Wirklichkeit aus Teilchen von der Größe eines Atoms besteht. Dennoch werden wir uns mit dem klassischen Aspekt befassen, da dies der einzige Bereich ist, den wir mit Hilfe der klassischen Mechanik, die wir gelernt haben, verstehen können. Allerdings wird uns das nicht sehr viel weiter bringen. Vielmehr werden wir feststellen, daß wir – anders als bei

Licht – im Fall von Materie rasch in Schwierigkeiten geraten. Natürlich könnten wir das Thema atomare Effekte ständig umgehen; statt dessen wollen wir hier jedoch einen kleinen Exkurs einfügen, in dem wir die grundlegenden Ideen der Quanteneigenschaften von Materie, das heißt die Quantenvorstellungen der Atomphysik, beschreiben, so daß Sie sich eine Vorstellung davon machen können, was wir auslassen. Denn wir müssen eine Reihe wichtiger Themen aussparen, mit denen wir dennoch unausweichlich in Berührung kommen.

Wir geben Ihnen jetzt also eine *Einführung* in die Quantenmechanik, können uns allerdings erst später wirklich eingehend mit diesem Thema befassen.

Die »Quantenmechanik« ist die Beschreibung des Verhaltens von Materie in allen Einzelheiten, insbesondere dessen, was sich auf atomarer Ebene abspielt. Das Verhalten sehr kleiner Dinge ähnelt nichts von alledem, was Ihrer unmittelbaren Erfahrung zugänglich ist. Sie verhalten sich nicht wie Wellen, sie verhalten sich nicht wie Teilchen, sie verhalten sich nicht wie Wolken, wie Billardkugeln oder wie auf Federn aufliegende Gewichte oder wie irgend etwas, das Sie je gesehen haben.

Newton war der Auffassung, Licht bestehe aus Teilchen, doch dann entdeckte man, es verhält sich – wie wir ja gesehen haben – wie eine Welle. Später (zu Beginn des 20. Jahrhunderts) stellte man allerdings fest, Licht verhält sich in der Tat gelegentlich wie ein Teilchen. So ging man früher davon aus, das Elektron beispielsweise verhalte sich wie ein Teilchen, doch dann fand man heraus, in vieler Hinsicht verhält es sich wie eine Welle. In Wirklichkeit verhält es sich also wie keines von beiden. Mittlerweile haben wir es aufgegeben. Wir sagen: »Es ist wie *keines von beiden.*«

Einen glücklichen Umstand gibt es jedoch – Elektronen verhalten sich genauso wie Licht. Das Quantenverhalten atomarer Objekte (Elektronen, Protonen, Photonen und so weiter) ist immer gleich: bei allen handelt es sich um »Teilchenwellen« oder wie auch immer Sie sie nennen wollen. Was wir über die Eigenschaften von Elektronen herausfinden (deren wir uns bei unseren Bei-spielen bedienen), gilt also ebenso für alle anderen »Teilchen« einschließlich Lichtphotonen.

Das im ersten Viertel des 20. Jahrhunderts allmählich zuneh-mende Wissen über das Verhalten von Objekten im atomaren Be-reich und kleinen Maßstab, das etliche Hinweise auf das tatsäch-liche Verhalten winziger Dinge lieferte, sorgte für immer mehr Verwirrung, bis schließlich 1926 und 1927 Schrödinger, Heisen-berg und Born für Klarheit sorgten. Ihnen gelang endlich eine in sich stimmige Beschreibung des Verhaltens von Materie in klei-nem Maßstab. Auf die Grundzüge ihrer Beschreibung greifen wir in diesem Kapitel zurück.

Da Atome sich so ganz anders verhalten, als uns dies aus unse-rer alltäglichen Erfahrung vertraut ist, fällt es äußerst schwer, sich daran zu gewöhnen; jedem, sowohl dem Neuling auf diesem Ge-biet wie auch dem erfahrenen Physiker, erscheint es seltsam und geheimnisvoll. Nicht einmal die Experten begreifen es so, wie es ihnen lieb wäre, und das ist auch vollkommen verständlich, denn alle unmittelbare Erfahrung und Intuition des Menschen bezie-hen sich auf große Gegenstände. Wir wissen, wie große Dinge sich verhalten, doch Objekte in kleinem Maßstab verhalten sich nun einmal nicht so. Daher müssen wir uns auf eine gewissermaßen abstrakte und imaginative Weise mit ihnen beschäftigen, nicht im Zusammenhang mit unserer unmittelbaren Erfahrung.

In diesem Kapitel gehen wir geradewegs den grundlegenden Aspekt dieses geheimnisvollen Verhaltens in seiner seltsamsten Form an. Wir haben uns für ein Phänomen entschieden, das auf klassische Weise zu erklären unmöglich, *absolut* unmöglich ist und das eigentliche Wesen der gesamten Quantenmechanik aus-macht. In Wirklichkeit birgt es das *einzige* Geheimnis in sich. Wir können nicht »erklären«, sondern nur »sagen«, wie dieses Ge-heimnis funktioniert. Und damit erzählen wir Ihnen zugleich alles über die grundlegenden Eigentümlichkeiten der gesamten Quantenmechanik.

Ein Experiment mit Gewehrkugeln

Um das Quantenverhalten von Elektronen zu verstehen, wollen wir ihr Verhalten in einer speziellen Versuchsanordnung mit dem uns vertrauteren Verhalten von Teilchen wie Geschossen und von Wellen wie denen des Wassers vergleichen und es ihm gegenüberstellen.

Zunächst einmal sehen wir uns an, wie die Kugeln in der auf Abbildung 6.1 schematisch dargestellten Versuchsanordnung sich verhalten: Aus einem Maschinengewehr wird ein Kugelhagel abgefeuert. Da es kein sehr gutes Gewehr ist, verstreut es, wie auf der Graphik zu sehen ist, die Kugeln wahllos mit einer ziemlich breiten Winkeldivergenz. Vor dem Gewehr ragt eine Wand (aus Panzerplatten) auf, in die zwei Löcher gebohrt sind, gerade groß genug, um jeweils eine Kugel durchzulassen. Dahinter steht ein Kugelfang (etwa eine dicke Holzwand), der die auftreffenden Kugeln »schluckt« oder »absorbiert«. Vor ihm steht ein von uns so bezeichneter Kugel-»Detektor«, beispielsweise eine mit Sand gefüllte Kiste. Jede Kugel, die bei dem Detektor anlangt, wird dort abgefangen und gesammelt. Wenn wir wollen, können wir die Kiste ausleeren und die eingefangenen Kugeln zählen. Diesen Detektor können wir hin- und herschieben (in einer von uns so bezeichneten x-Richtung). Mit Hilfe dieser Vorrichtung können wir experimentell folgende Frage beantworten: »Wie groß ist die Wahrscheinlichkeit, daß eine Kugel, die durch die Öffnungen in der Wand dringt, in einer Entfernung x vom Mittelpunkt am Kugelfang anlangt?« Als erstes sollten Sie sich klarmachen, wir reden hier über Wahrscheinlichkeit, denn wir können nicht mit Gewißheit sagen, wo jede einzelne Kugel hinfliegt. Eine Kugel, die zufällig auf eines der Löcher trifft, kann an deren Rändern abprallen und weiß Gott wo landen. Unter »Wahrscheinlichkeit« verstehen wir die Chance, daß die Kugel tatsächlich bei dem Detektor ankommt, und das können wir messen, indem wir zählen,

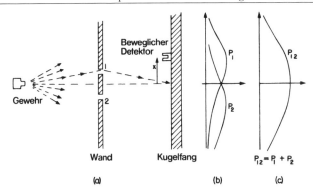

Abb. 6.1: Interferenzexperiment mit Kugeln

wie viele Kugeln in einem bestimmten Zeitraum den Detektor erreichen, und dann das Verhältnis dieser Zahl zur *Gesamt*zahl der Kugeln bestimmen, die während dieses Zeitraums auf den Kugelfang treffen. Wenn wir davon ausgehen, daß das Maschinengewehr im Verlauf der gesamten Messung immer mit der gleichen Geschwindigkeit feuert, können wir aber auch sagen, die Wahrscheinlichkeit, die uns interessiert, ist der Zahl von Kugeln, die in einem genormten Zeitraum bei dem Detektor anlangen, proportional.

Für unsere gegenwärtigen Zwecke stellen wir uns ein gewissermaßen ideelles Experiment vor, bei dem es sich nicht um echte, sondern um *unzerstörbare* Kugeln handelt, die nicht entzweibrechen können. Bei unserem Experiment stellen wir fest, die Kugel treffen immer als »Klumpen« auf, und wenn wir in unserem Detektor etwas finden, dann immer eine ganze Kugel. Feuert das Maschinengewehr die Kugeln mit sehr niedriger Geschwindigkeit ab, so stellen wir fest, zu jedem gegebenen Zeitpunkt kommt entweder gar nichts oder aber eine einzige – genau eine – Kugel bei dem Kugelfang an. Zudem hängt die Größe des Klumpens mit Sicherheit nicht von der Feuergeschwindigkeit des Gewehrs ab. Wir können also sagen: »Kugeln treffen *immer* in identischen Klumpen auf.« Und mit unserem Detektor messen wir die Wahrscheinlichkeit des Eintreffens eines Klumpens. Und zwar messen wir diese Wahrscheinlichkeit als eine Funktion von x. Das Ergebnis derartiger Messungen mit einem solchen Apparat (wir haben das Experiment noch nicht durchgeführt, wir stellen uns lediglich das Ergebnis vor) ist auf der Graphik in Abschnitt (c) von Abbildung 6.1 verzeichnet. In der graphischen Darstellung tragen wir die Wahrscheinlichkeit nach rechts, x vertikal ein, so daß die x-Skala zur schematischen Darstellung des Apparats paßt. Diese Wahrscheinlichkeit bezeichnen wir als P_{12}, da die Kugeln entweder durch Öffnung 1 oder durch Öffnung 2 kommen können. Es überrascht Sie vermutlich nicht sonderlich, daß P_{12} in der Mitte der Zeichnung groß ist, jedoch klein wird, wenn x sehr groß ist. Allerdings fragen Sie sich vielleicht, warum P_{12} seinen Höchstwert bei $x = 0$ erreicht. Das verstehen wir, wenn wir unser Experiment wiederholen, nachdem wir Öffnung 2 abgedeckt haben, und dann noch einmal; diesmal halten wir Öffnung 1 geschlossen. Ist Öffnung 2 zugedeckt, können Kugeln nur durch Öffnung 1 kommen, und wir erhalten die in Abschnitt (b) der Abbildung als P_1 bezeichnete Kurve. Wie nicht anders zu erwarten, erreicht P_1 seinen Höchstwert bei dem Wert von x, der auf gerader Linie mit dem Gewehr und Öffnung 1 liegt. Ist Öffnung 1 versperrt, erhalten wir die ebenfalls auf der Abbildung eingezeichnete symmetrische Kurve P_2. P_2 ist die Wahrscheinlichkeitsverteilung für Kugeln, die durch Öffnung 2 kommen. Vergleichen wir Abschnitt (b) und (c) von Abbildung 6.1, kommen wir zu dem wichtigen Schluß:

$$P_{12} = P_1 + P_2 \qquad\qquad (6.1)$$

Die Wahrscheinlichkeiten addieren sich einfach. Sind beide Löcher offen, entspricht das Ergebnis der Summe aus den Einzelresultaten, wenn jeweils nur eine Öffnung frei ist. Wir bezeichnen dies als Beobachten »*keiner Interferenz*«, aus Gründen, die Sie später verstehen werden. Soviel zu Kugeln. Sie haben die

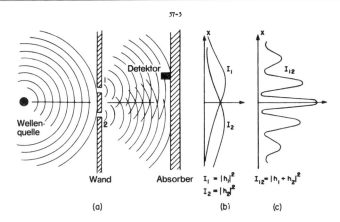

Abb. 6.2: Interferenzexperiment mit Wasserwellen

Form von Klumpen, und die Wahrscheinlichkeit ihres Auftreffens zeigt keinerlei Interferenz.

Ein Experiment mit Wellen

Nun wollen wir uns ein Experiment mit Wasserwellen vorstellen. Auf Abbildung 6.2 ist eine entsprechende Vorrichtung schematisch dargestellt. Wir haben ein flaches Wasserbecken, in dem ein kleines, als »Wellenquelle« bezeichnetes Objekt von einem Motor auf- und abgerüttelt wird und kreisförmige Wellen erzeugt. Rechts von der Wellenquelle befindet sich wiederum eine Wand mit zwei Öffnungen, dahinter eine zweite, die wir, um das Ganze nicht zu kompliziert zu machen, als »Absorber« oder Aufsauger bezeichnen; sie verhindert, daß hier auftreffende Wellen zurückschwappen, das heißt reflektiert werden. Zu diesem Zweck schichtet man einen allmählich anstcigenden Sand-»Strand« auf. Vor dem Strand plazieren wir einen Detektor, den man – wie beim vorangegangenen Beispiel – in der x-Richtung hin- und herschieben kann. Diesmal handelt es sich bei dem Detektor um eine Vorrichtung zur Messung der »Intensität« der Wellenbewegung. Stellen Sie sich einen Apparat vor, der die Höhe der Welle mißt, dessen Skala jedoch proportional zum *Quadrat* der tatsächlichen Höhe kalibriert ist, so daß die abgelesenen Meßwerte der Intensität der Welle proportional sind. Unser Detektor verzeichnet also einen zu der von der Welle transportierten *Energie* oder, besser gesagt: zu der Geschwindigkeit, mit der diese Energie zum Detektor befördert wird, proportionalen Wert.

Als erstes fällt uns bei unserem Wellenapparat auf, daß die Intensität *jede beliebige* Größe annehmen kann. Bewegt die Quelle sich nur ein ganz klein wenig, stellt der Detektor nur eine geringe Wellenbewegung fest. Tut sich bei der Quelle hingegen mehr, dann zeigt auch der Detektor eine größere Intensität an. Die Stärke der Welle kann jeden nur denkbaren Wert annehmen. Wir kämen also gar nicht auf die Idee zu sagen, die Wellenintensität habe so etwas wie »Klumpigkeit« an sich.

Jetzt wollen wir die Wellenstärke für verschiedene Werte von x messen (und dabei die Quelle immer auf die gleiche Weise arbeiten lassen). Wir erhalten die in Abschnitt (c) der Abbildung als I_{12} gekennzeichnete Kurve, die recht interessant aussieht.

Als wir uns die Interferenz von elektrischen Wellen näher ansahen, haben wir bereits herausgefunden, wie solche Muster zustande kommen. In diesem Fall bemerken wir, die ursprüngliche Welle wird an den Löchern gebeugt, und von jeder Öffnung breiten sich neue kreisförmige Wellen aus. Decken wir eines der Löcher ab und messen die Intensitätsverteilung beim Absorber, dann stoßen wir auf die in Abschnitt (b) der Abbildung dargestellten recht simplen Intensitätskurven. I_1 steht für die Stärke der Wellen von Öffnung 1 (die wir herausfinden, indem wir die Messung dann vornehmen, wenn Loch 2 blockiert ist), I_2 für die der Welle von Öffnung 2 (wenn Loch 1 abgedeckt ist).

Die Intensität I_{12}, die wir festzustellen, wenn beide Löcher offen sind, entspricht mit Sicherheit *nicht* der Summe aus I_1 und I_2. Wir sagen, es kommt zu einer Interferenz der beiden Wellen. An manchen Stellen (wo die Kurve I_{12} ihre Höchstwerte erreicht) sind die Wellen »phasengleich«, und die Wellenberge addieren sich zu einer großen Amplitude und damit zu einer hohen Intensität: An solchen Stellen »interferieren« die beiden Wellen »konstruktiv«. Zu einer solchen konstruktiven Interfererenz kommt es immer dann, wenn der Abstand vom Detektor zu dem einen Loch ein ganzes Vielfaches der Wellenlänge größer (oder kleiner) ist als der Abstand der anderen Öffnung vom Detektor.

An den Stellen, wo die beiden Wellen mit einer Phasendifferenz π eintreffen (wenn sie »phasenverschoben« sind), entspricht die resultierende Wellenbewegung beim Detektor der Differenz der beiden Amplituden. In diesem Fall sagt man, die Wellen »interferieren destruktiv«, und wir erhalten einen niedrigen Wert für die Wellenintensität. Mit solch niedrigen Werten rechnet man immer dann, wenn der Abstand zwischen Öffnung 1 und dem Detektor sich von dem Abstand zwischen Öffnung 2 und dem Detektor durch ein ungerades Vielfaches der halben Wellenlänge unterscheidet. Die niedrigen Werte von I_{12} auf Abbildung 6.2 entsprechen den Stellen, an denen die beiden Wellen destruktiv interferieren.

Wie Sie sich bestimmt erinnern, kann man das quantitative Verhältnis zwischen I_1, I_2 und I_{12} folgendermaßen ausdrücken: Die momentane Höhe der Wasserwelle von Öffnung 1 beim Detektor kann als (der Realteil von) $\hat{h}_1 e^{iwt}$ geschrieben werden, wobei die »Amplitude« $\hat{h}_1$ im allgemeinen eine komplexe Zahl ist. Die Intensität ist dem Quadrat der mittleren Höhe oder, falls wir mit komplexen Zahlen arbeiten, $|\hat{h}_1|^2$ proportional. Ähnlich entspricht bei Öffnung 2 die Höhe $\hat{h}_2 e^{iwt}$; die Intensität ist $|\hat{h}_2|^2$ proportional. Sind beide Löcher geöffnet, addieren die Höhen sich und ergeben die Höhe $(\hat{h}_1 + \hat{h}_2) e^{iwt}$ sowie die Intensität $|\hat{h}_1 + \hat{h}_2|^2$. Lassen wir für unsere gegenwärtigen Zwecke die Proportionalitätskonstante wegfallen, sehen die korrekten Relationen bei *interferierenden Wellen* so aus:

$$I_1 = |\hat{h}_1|^2, \qquad I_2 = |\hat{h}_2|^2, \qquad I_{12} = |\hat{h}_1 + \hat{h}_2|^2 \qquad (6.2)$$

Wie Sie sehen, ist das Ergebnis ein ganz anderes als bei den Kugeln (Formel 6.1). Schreiben wir $|\hat{h}_1 + \hat{h}_2|^2$ aus, sehen wir,

$$|\hat{h}_1 + \hat{h}_2|^2 = |\hat{h}_1|^2 + |\hat{h}_2|^2 + 2|\hat{h}_1||\hat{h}_2|\cos\delta \qquad (6.3)$$

ist der Phasenunterschied zwischen $\hat{h}_1$ und $\hat{h}_2$. Bezogen auf die Intensität könnten wir schreiben:

$$I_{12} = I_1 + I_2 + 2\sqrt{I_1 I_2}\cos\delta \qquad (6.4)$$

Der letzte Term in Formel (6.4) ist der »Interferenzterm«. Soviel zu Wasserwellen. Die Intensität kann jeden beliebigen Wert annehmen, und es tritt Interferenz auf.

Ein Experiment mit Elektronen

Stellen wir uns jetzt ein ähnliches Experiment, diesmal mit Elektronen, vor, wie Abbildung 6.3 es veranschaulicht. Wir konstruieren eine Elektronenkanone aus Wolframdraht, der durch einen elektrischen Strom aufgeheizt wird und von einem Metallgehäuse mit einer Öffnung ummantelt ist. Hat der Draht in bezug auf das Gehäuse eine negative Spannung, dann werden die von dem Draht abgestrahlten Elektronen zu den Wänden hin beschleunigt; einige passieren die Öffnung. Alle von der Elektronenkanone abgefeuerten Elektronen haben (annähernd) die gleiche Energie. Vor der Kanone befindet sich wiederum eine Wand (lediglich eine dünne Metallplatte) mit zwei Öffnungen. Dahinter steht eine weitere Platte, die als »Kugelfang« dient, und vor diese stellen wir einen beweglichen Detektor. Bei diesem kann es sich um einen Geigerzähler oder, und das ist vielleicht besser, um einen Elektronenvervielfacher handeln, der mit einem Lautsprecher verbunden ist.

Von vornherein sei klargestellt, Sie sollten lieber gar nicht erst

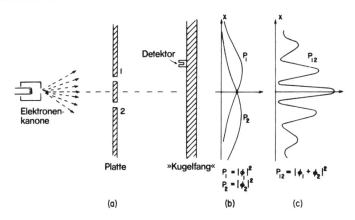

Abb. 6.3: Interferenzexperiment mit Elektronen

versuchen, diese Versuchsanordnung aufzubauen (was Sie bei den beiden bereits beschriebenen durchaus hätten tun können). Das Experiment wurde noch nie auf diese Weise durchgeführt. Die Schwierigkeit liegt darin, daß man den Apparat in unmöglich kleinem Maßstab anfertigen müßte, um die Abläufe sichtbar zu machen, die uns interessieren. Wir führen also ein »Gedankenexperiment« durch. Wir haben uns für genau dieses entschieden, weil es nicht sonderlich schwierig ist, es sich vorzustellen. Wir kennen die Ergebnisse, die heraus*kämen*, da in der Tat viele Experimente stattgefunden haben, bei denen Maßstab und Größenverhältnisse so gewählt wurden, daß man die Wirkungen, die wir beschreiben werden, beobachten konnte.

Als erstes fällt uns bei diesem Elektronenexperiment auf, daß der Detektor (beziehungsweise der Lautsprecher) durchdringende Tickgeräusche von sich gibt. Und alle diese »Ticks« klingen gleich. »Halb-Ticks« gibt es *keine*.

Außerdem bemerken wir, daß die Ticks äußerst unregelmäßig zu hören sind. Ungefähr so: tick ... tick-tick .... tick .... tick .... tick-tick .... tick ..... und so weiter; derlei haben Sie bestimmt schon einmal bei einem Geigerzähler erlebt. Wenn wir die Ticks lange genug zählen – sagen wir, soundso viele Minuten lang –, und dies dann über den gleichen Zeitraum wiederholen, stellen wir fest, die Anzahl bleibt beinahe gleich. Wir können also von einer *Durchschnittsrate* der Ticks (soundso viele Ticks pro Minute) sprechen.

Verschieben wir den Detektor, so kommt uns die *Rate* der Ticks größer oder kleiner vor, doch die Größe (Lautstärke) eines jeden »Tick« bleibt immer gleich. Kühlen wir den Draht in der Kanone ab, nimmt die Rate der Ticks ab, doch sie klingen nach wie vor gleich. Stellen wir zwei getrennte Detektoren beim Kugelfang auf, dann bemerken wir außerdem, daß der eine *oder* aber der andere tickt, nie jedoch beide gleichzeitig. (Außer sehr selten, wenn zwei Ticks sehr dicht aufeinanderfolgen und wir den Zeitunterschied nicht wahrnehmen). Daraus schließen wir, was auch immer beim Kugelfang ankommt, es trifft in Form von »Klumpen« auf. Und alle »Klumpen« haben die gleiche Größe: nur ganze »Klumpen« kommen beim Kugelfang an, und zwar immer nur einer. Wir können also sagen: »Elektronen treffen immer in identischen Klumpen auf.«

Genau wie bei unserem Versuch mit den Kugeln können wir nun probieren, experimentell die Antwort auf folgende Frage zu finden: »Wie hoch ist bei unterschiedlichen Entfernungen *x* vom Mittelpunkt die relative Wahrscheinlichkeit, daß ein Elektronen-›Klumpen‹ auf den Kugelfang auftrifft?« Wie vorhin können wir diese relative Wahrscheinlichkeit feststellen, indem wir die Tick-Rate bei immer gleich schnell feuernder Elektronenkanone beobachten. Die Wahrscheinlichkeit, daß Klumpen bei einem bestimmten Abstand *x* eintreffen, ist der Durchschnittsrate der Ticks bei diesem *x* proportional.

Das Ergebnis unseres Experiments ist die recht interessante, als P_{12} gekennzeichnete Kurve in Abschnitt (c) von Abbildung 6.3. O ja! Genau so verhalten sich Elektronen.

Die Interferenz von Elektrowellen

Nun wollen wir versuchen, die Kurve auf Abbildung 6.3 zu analysieren, um zu sehen, ob wir aus dem Verhalten der Elektronen schlau werden. Als erstes würden wir sagen, da sie als Klumpen auftreffen, die wir genausogut Elektronen nennen können, ist jeder dieser Klumpen entweder durch Öffnung 1 oder durch Öffnung 2 gekommen. Dies wollen wir in Form einer »These« hinschreiben:

These A: Jedes Elektron kommt entweder durch Öffnung 1 oder durch Öffnung 2.

Ausgehend von These A lassen sich sämtliche beim Kugelfang eintreffenden Elektronen in zwei Klassen unterteilen: (1) diejenigen, die durch Öffnung 1, und (2) diejenigen, die durch Öffnung 2 kommen. Die von uns beobachtete Kurve muß daher die Summe aller Effekte der Elektronen sein, die durch Öffnung 1 und 2 kommen. Dies wollen wir nun experimentell überprüfen. Als erstes stellen wir fest, wie viele Elektronen durch Loch 1 kommen. Wir decken Öffnung 2 ab und zählen die Ticks, die der Detektor von sich gibt. Anhand der Tick-Rate erhalten wir P_1. Die als P_1 bezeichnete Kurve in Abschnitt (b) von Abbildung 6.3 zeigt das Ergebnis dieser Messung, das uns einigermaßen einleuchtend erscheint. Auf ähnliche Weise messen wir P_2, die Wahrscheinlichkeitsverteilung für die Elektronen, die durch Öffnung 2 kommen. Das Ergebnis dieser Messung ist ebenfalls auf der Abbildung verzeichnet.

Das Ergebnis P_{12}, das wir erhalten, wenn *beide* Löcher offen sind, entspricht eindeutig nicht der Summe aus P_1 und P_2, den Wahrscheinlichkeiten für jede einzelne Öffnung. In Analogie zu unserem Experiment mit den Wasserwellen erklären wir: »Es kommt zu einer Interferenz.«

$$\textit{Für Elektronen: } P_{12} \neq P_1 + P_2 \qquad (6.5)$$

Wie kann es zu so einer Überlagerung kommen? Vielleicht sollten wir lieber sagen: »Na ja, das bedeutet, es *stimmt nicht,* daß die Klumpen entweder durch Öffnung 1 oder durch Öffnung 2 kommen, denn in dem Fall müßten die Wahrscheinlichkeiten sich addieren. Vielleicht nehmen sie einen anderen, verschlungeneren Weg. Sie zweiteilen sich und ...« Aber nein! Das geht nicht, denn sie kommen immer als Klumpen an ... »Na schön, dann gehen manche vielleicht durch Öffnung 1 und laufen dann zu Öffnung 2 herum, und das ein paarmal, oder sie nehmen einen noch komplizierteren Weg ... und durch Abdecken von Öffnung 2 verändern wir die Wahrscheinlichkeit, daß ein Elektron, das *ursprünglich* durch Öffnung 1 gekommen ist, schließlich beim Kugelfang landet.« Doch aufgepaßt! Es gibt einige Stellen, an denen nur sehr wenige Elektronen auftreffen, wenn *beide* Löcher offen sind, wo aber viele Elektronen ankommen, wenn wir eine Öffnung schließen. Das *Abdecken* einer Öffnung ließ also die Zahl der Elektronen, die durch die andere Öffnung kamen, *ansteigen.* Beachten Sie allerdings, daß in der Mitte des Musters P_{12} mehr als doppelt so groß ist wie $P_1 + P_2$. Gerade so, als würde durch das Abdecken einer Öffnung die Zahl der Elektronen *abnehmen,* die durch die andere kommen. *Beide* Effekte dadurch zu erklären, daß die Elektronen einen komplizierteren Weg einschlagen, scheint kaum möglich.

Das alles ist reichlich geheimnisvoll. Und je öfter Sie hinsehen, desto rätselhafter wird es. Man hat sich viele Möglichkeiten ausgedacht, wie man die Kurve für P_{12} damit erklären könnte, daß vereinzelte Elektronen auf verschlungenen Wegen immer wieder durch die Öffnungen laufen. Keine von ihnen bietet eine Lösung. Keine von ihnen ergibt aus P_1 und P_2 die richtige Kurve für P_{12}.

Erstaunlicherweise ist jedoch die *Mathematik,* die erforderlich ist, um P_1 und P_2 miteinander in Beziehung zu setzen, ungeheuer einfach. Denn P_{12} entspricht genau Kurve I_{12} in Abbildung 6.2, und *die* war wirklich unkompliziert. Was bei dem Kugelfang vor sich geht, läßt sich anhand zweier komplexer Zahlen beschreiben, die wir als $\hat{\phi}_1$ und $\hat{\phi}_2$ bezeichnen wollen (es handelt sich dabei natürlich um Funktionen von *x*). Das absolute Quadrat von $\hat{\phi}_1$ gibt das Ergebnis an, wenn nur Loch 1 offen ist. Das heißt: $P_1 = |\hat{\phi}_1|^2$. Auf entsprechende Weise ergibt $\hat{\phi}_2$ das Resultat, wenn lediglich Loch 2 offen ist. Das heißt: $P_2 = |\hat{\phi}_1|^2$. Und die kombinierte Wirkung, wenn beide Löcher offen sind, ist einfach $P_{12} = |\hat{\phi}_1 + \hat{\phi}_2|^2$. Die *Mathematik* ist die gleiche wie bei den Wasserwellen! (Schwer vorstellbar, wie man zu einem derart einfachen Ergebnis kommen könnte, wenn man von einem komplizierten Spiel auf seltsamen Pfaden durch die Platte hin- und herwandernder Elektronen ausginge.)

Daraus ziehen wir folgenden Schluß: Die Elektronen kommen in Klumpen an, wie Teilchen, und die Wahrscheinlichkeitsverteilung eines Auftreffens dieser Klumpen entspricht der Intensitätsverteilung einer Welle. In ebendiesem Sinne verhält ein Elektron sich »gelegentlich wie ein Teilchen und gelegentlich wie eine Welle«.

Übrigens haben wir, als wir uns mit den klassischen Wellen befaßten, die Intensität als das über die Zeit gemittelte Quadrat der Wellenamplitude definiert und – ein mathematischer Trick – komplexe Zahlen benutzt, um die Analyse zu vereinfachen. Es stellt sich jedoch heraus, in der Quantenmechanik *müssen* Amplituden mittels komplexer Zahlen dargestellt werden. Die Realteile alleine genügen nicht. Im Augenblick ist dies lediglich eine rein technische Frage, denn die Formeln sehen genau gleich aus.

Da die Wahrscheinlichkeit eines Eintreffens aus beiden Öffnungen derart einfach zu berechnen ist, auch wenn sie nicht gleich ($P_1 + P_2$) ist, bleibt nichts weiter zu sagen. Da Natur so funktioniert, kommen allerdings zahlreiche Feinheiten ins Spiel. Einige davon wollen wir nun für Sie veranschaulichen. Als erstes sollten wir, da die Zahl derer, die an einer bestimmten Stelle ankommen, *nicht* gleich der Zahl jener ist, die durch Öffnung 1 plus jener, die durch Öffnung 2 kommen, wie man aus These A folgern könnte, zu dem Schluß kommen: *These A ist falsch.* Es ist *nicht* wahr, daß die Elektronen *entweder* durch Öffnung 1 oder durch Öffnung 2 kommen. Diese Schlußfolgerung läßt sich jedoch anhand eines weiteren Experiments überprüfen.

Elektronen beobachten

Wir probieren jetzt folgendes Experiment. Hinter die Wand und zwischen die beiden Öffnungen unseres Elektronenapparats plazieren wir eine sehr leistungsstarke Lichtquelle (siehe Abbildung 6.4). Wie wir wissen, streut elektrische Ladung Licht. Wenn also ein Elektron – auf welchem Weg auch immer – durchkommt, streut es das Licht so, daß ein Teil davon auf unsere Augen trifft und wir den Weg, den das Elektron nimmt, *sehen* können. Kommt beispielsweise ein Elektron durch Öffnung 2, wie auf Abbildung 6.4 gezeigt, sollten wir in der Nähe der mit *A* bezeichneten Stelle einen Lichtblitz sehen. Fliegt ein Elektron durch Öffnung 1, wäre mit einem Lichtblitz in der Nähe des oberen Lochs zu rechnen. Falls wir zufällig an beiden Stellen gleichzeitig Licht sehen, weil das Elektron sich zweiteilt ... Fangen wir einfach mit dem Experiment an!

Und zwar sehen wir folgendes: *Jedesmal* wenn wir aus unserem Elektronendetektor (beim Kugelfang) ein »Tick« hören, *sehen wir gleichzeitig* einen Lichtblitz – *entweder* in der Nähe von Öffnung 1 *oder* bei Öffnung 2, doch *nie* bei beiden gleichzeitig! Und zwar unabhängig davon, wo wir den Detektor hinstellen. Aus dieser Beobachtung ziehen wir folgenden Schluß: Wenn wir die Elektronen beobachten, stellen wir fest, sie kommen entweder durch die eine Öffnung oder durch die andere. Vom Experimentellen her ist These A notwendigerweise wahr.

Aber was stimmt dann mit unserem Einwand *gegen* These A

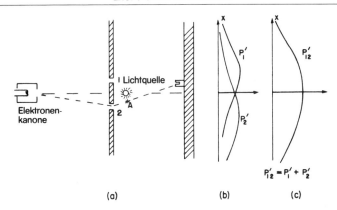

Abb. 6.4: Ein anderes Elektronenexperiment

nicht? Warum ist P_{12} *nicht* einfach gleich $P_1 + P_2$? Zurück zum
Experiment! Verfolgen wir den Weg, den die Elektronen nehmen, um herauszufinden, wie sie sich verhalten. Bei jeder Position (Ort x) des Detektors zählen wir die eintreffenden Elektronen und vermerken, indem wir auf die Lichtblitze achten, durch
welche Öffnung sie gekommen sind. Am besten behalten wir das
Ganze auf die Weise im Auge: Sooft wir ein »Tick« hören, tragen
wir das in Spalte 1 ein, wenn wir den Blitz in der Nähe von Öffnung 1 sehen; zuckt er bei Öffnung 2 auf, vermerken wir dies in
Spalte 2. Jedes ankommende Elektron wird einer von zwei Kategorien zugeteilt: jene, die durch Öffnung 1, und jene, die durch
Öffnung 2 kommen. Aus der Zahl in Spalte 1 ergibt sich die Wahrscheinlichkeit P'_1, daß ein Elektron durch Öffnung 1 zu dem
Detektor gelangt; die in Spalte 2 eingetragene Zahl gibt die Wahrscheinlichkeit P'_2 an, daß es durch Öffnung 2 kommt. Wiederholen wir diese Messung für viele Werte von x, erhalten wir die
Kurven P'_1 und P'_2 in Abschnitt (b) von Abbildung 6.4.

Allzu überraschend ist das nicht! Für P_1 erhalten wir einen
Wert, der dem für P_1 vor Abdeckung von Öffnung 2 ziemlich ähn-
lich ist; und P'_2 kommt dem vor Blockierung von Öffnung 1 nahe.
Es gibt also *keinerlei* verschlungene Wege, um irgendwie beide

Öffnungen zu durchlaufen. Bei der Beobachtung der Elektronen stellen wir fest, sie nehmen genau den Weg, den wir erwarten. Ob die Öffnungen nun abgedeckt sind oder nicht, die Elektronen, die wir durch Loch 1 kommen sehen, verteilen sich genau gleich, ob Öffnung 2 nun geschlossen ist oder nicht.

Aber halt! Was ist *nun* die *Gesamt*wahrscheinlichkeit, die Wahrscheinlichkeit, daß ein Elektron auf irgendeinem Weg beim Detektor ankommt? Das wissen wir bereits. Wir tun einfach so, als hätten wir nicht auf die Lichtblitze geachtet, und werfen die Ticks des Detektors zusammen, als hätten wir sie nie auf zwei Spalten verteilt. Wir brauchen nur die Zahlen zu *addieren*. Für die Wahrscheinlichkeit, daß ein Elektron durch *eine der beiden* Öffnungen zu dem Kugelfang gelangt, gilt $P'_{12} = P_1 + P_2$. Das heißt, obwohl es uns gelungen ist zu beobachten, durch welche Öffnung unsere Elektronen kommen, ergibt sich nicht mehr die vorherige Interferenzkurve P_{12}, sondern eine neue, P'_{12}, bei der keine Interferenz mehr gegeben ist. Wenn wir das Licht ausschalten, gilt wieder P_{12}.

Daraus müssen wir folgenden Schluß ziehen: *Wenn wir die Elektronen beobachten*, sieht ihre Verteilung auf dem Schirm anders aus, als wenn wir nicht hinsehen. Vielleicht bringt das Einschalten des Lichts alles durcheinander? Offenbar sind die Elektronen äußerst empfindlich, und das Licht versetzt ihnen, wenn es die Elektronen streut, einen Stoß, der ihre Bewegung ändert. Wie wir wissen, übt das elektrische Feld des Lichts, das auf eine Ladung einwirkt, eine Kraft auf diese aus. Vielleicht *sollten* wir also damit rechnen, daß die Bewegung sich ändert. Das Licht beeinflußt die Elektronen jedenfalls nachhaltig. Indem wir die Elektronen zu »beobachten« versuchten, haben wir ihre Bewegungen beeinflußt. Das heißt, der Stoß, der dem Elektron versetzt wird, wenn es das Photon streut, verändert die Bewegung des Elektrons in einem Maße, daß es, falls es die Stelle passiert haben *könnte*, an der P_{12} einen Höchstwert erreicht hatte, statt dessen an einem Punkt anlangt, wo P_{12} ein Minimum hatte; aus diesem Grund können wir keine Welleninterferenzen mehr beobachten.

Jetzt denken Sie sich vielleicht: »Dann verwenden wir eben keine so starke Lichtquelle! Verringern wir die Helligkeit! Dann sind die Lichtwellen schwächer und stören die Elektronen nicht in einem solchen Maße. Wenn wir das Licht immer matter machen, wird die Welle schließlich bestimmt so schwach, daß man ihre Wirkung vernachlässigen kann.« Na schön, probieren wir das mal. Als erstes fällt uns auf, daß die von den vorbeifliegenden Elektronen gestreuten Lichtblitze *nicht* schwächer werden. *Der Lichtblitz hat immer die gleiche Größe.* Wenn wir das Licht abschwächen, passiert nur eines: Gelegentlich hören wir ein Ticken des Detektors, sehen jedoch *keinerlei Lichtblitz.* Das Elektron ist vorbeigeflogen, ohne daß es »gesehen« wurde. Wir beobachten also folgendes: Licht verhält sich *auch* wie Elektronen; wir haben gewußt, es ist »wellig«, doch nun stellen wir fest, es ist auch »klumpig«. Es kommt immer in Klumpen an – oder wird so gestreut –, die wir als »Photonen« bezeichnen. Verringern wir die *Lichtstärke,* ändern wir dadurch nicht die *Größe* der Photonen, sondern lediglich die Emittierungs*rate.* Und *das* erklärt, warum einige Elektronen passieren, ohne gesehen zu werden, wenn unsere Lichtquelle schwächer ist. Es war eben zufällig kein Photon in der Nähe, als das Elektron durch die Öffnung kam.

Das alles ist ein wenig entmutigend. Falls es zutrifft, daß der Blitz immer gleich groß ist, wann auch immer wir das Elektron »sehen«, dann bedeutet dies, diejenigen Elektronen, die wir beobachten, sind *immer* gestört. Führen wir das Experiment trotzdem einmal bei etwas schwächerem Licht durch. Jedesmal wenn wir im Detektor ein Tick hören, verzeichnen wir das in einer von drei Spalten: in Spalte (1) diejenigen Elektronen, die wir aus Öffnung 1 kommen sehen; in Spalte (2) die aus Öffnung 2 und in Spalte (3) diejenigen, die wir überhaupt nicht sehen. Werten wir dann unsere Daten aus (berechnen wir die Wahrscheinlichkeiten), kommen wir zu folgenden Ergebnissen: Die Elektronen, die wir »aus Öffnung 1 kommen gesehen haben«, zeigen eine Wahrscheinlichkeitsverteilung wie P'_1; die aus »Öffnung 2 gekommenen« eine wie P'_2 (so daß diejenigen, die wir »entweder bei Öffnung von P'_1 oder bei P_2 gesehen haben«, eine Wahrscheinlichkeitsverteilung wie P'_{12} aufweisen); die Wahrscheinlichkeitsverteilung derjenigen, die »wir gar nicht gesehen haben«, ist »wellenförmig« wie P_{12} in Abbildung 6.3! *Wenn man die Elektronen nicht sieht, liegt eine Interferenz vor!* Das ist verständlich. Wenn wir das Elektron nicht sehen, wird es von keinem Photon gestört; sehen wir es, dann hat ein Photon es gestört. Die Störung ist immer gleich groß, da die Lichtphotonen alle gleich große Wirkungen ausüben und der Streuungseffekt der Photonen ausreicht, um jeglichen Interferenzeffekt zu verschmieren.

Gibt es nicht doch *irgendeine* Möglichkeit, die Elektronen zu sehen, ohne sie zu stören? Aus einem der vorangegangenen Kapitel wissen wir, der Impuls eines »Photons« ist seiner Wellenlänge umgekehrt proportional ($p = h/\lambda$). Und bestimmt hängt der Stoß, den das Elektron erhält, wenn das Photon zu unserem Auge hin gestreut wird, vom Impuls des Photons ab. Aha! Wollen wir die Elektronen lediglich geringfügig stören, sollten wir nicht die *Stärke*, sondern die *Frequenz* des Lichts verringern (dies entspricht einer Vergrößerung der Wellenlänge). Probieren wir es also einmal mit röterem Licht. Wir könnten sogar Infrarotlicht oder Radiowellen (etwa Radar) verwenden und mit Hilfe einer Vorrichtung, die Licht größerer Wellenlängen »sehen« kann, »beobachten«, welchen Weg das Elektron genommen hat. Wenn wir »sanfteres« Licht verwenden, können wir es vielleicht vermeiden, die Elektronen allzusehr zu stören.

Führen wir also das Experiment mit längeren Wellen durch; wir werden es des öfteren wiederholen, jedesmal mit Licht größerer Wellenlänge. Zunächst scheint sich nichts zu ändern. Die Ergebnisse sind die gleichen. Doch dann passiert etwas Schreckliches. Sie erinnern sich, bei der Besprechung des Mikroskops haben wir hervorgehoben, daß es aufgrund der *Wellennatur* des Lichts eine Grenze gibt, wie nahe beieinander zwei Punkte liegen dürfen, damit man sie trotzdem noch als zwei getrennte Punkte wahrnehmen kann. Dieser Abstand liegt in der Größenordnung der Wellenlänge von Licht. Wenn wir nun also mit einer Wellenlänge arbeiten, die größer ist als der Abstand zwischen den beiden Öffnungen, sehen wir, wenn das Licht von den Elektronen gestreut wird, einen *großen* flimmernden Blitz. Wir können nicht mehr sagen, durch welche Öffnung das Elektron gekommen ist! Wir wissen lediglich, es hat irgendeinen Weg genommen! Und nur bei Licht dieser Farbe stellen wir fest, die Stöße, die den Elektronen versetzt werden, sind so klein, daß P'_{12} allmählich wie P_{12} aussieht – daß allmählich ein Interferenzeffekt einsetzt. Und nur bei Wellenlängen, die viel größer sind als der Abstand zwischen den beiden Öffnungen (wenn wir keine Möglichkeit haben zu sagen, welchen Weg das Elektron genommen hat), ist die Störung durch Licht so gering, daß wir die Kurve P_{12} auf Abbildung 6.3 erhalten.

Bei unserem Experiment stellen wir fest, es ist unmöglich, das Licht so einzustellen, daß man sagen kann, durch welche Öffnung das Elektron gekommen ist, ohne gleichzeitig das Muster zu stören. Heisenberg stellte die These auf, die damals neuen Naturgesetze könnten nur dann stimmig sein, wenn es irgendeine grundlegende, bislang unbekannte Einschränkung unserer Experimentiermöglichkeiten gebe – seine *Unschärferelation*. In bezug auf unser Experiment können wir sie folgendermaßen formulieren: »Es ist unmöglich, eine Vorrichtung zu konstruieren, mit deren Hilfe man bestimmen kann, durch welche Öffnung das Elektron läuft, ohne gleichzeitig die Elektronen so sehr zu stören, daß das gesamte Interferenzmuster zerstört wird.« Wenn man mit einem Apparat bestimmen kann, welche Öffnung das Elektron passiert, *kann* er *nicht* so empfindlich sein, daß er nicht das Muster erheblich stört. Keinem Menschen ist es je gelungen (und niemand hat auch nur mit dem Gedanken gespielt), die Unschärferelation zu umgehen. Folglich müssen wir davon ausgehen, es handelt sich um eine grundlegende Eigenschaft der Natur.

Die gesamte Theorie der Quantenmechanik, deren wir uns mittlerweile bedienen, um Atome und im Grunde genommen jegliche Materie zu beschreiben, steht und fällt mit der Richtigkeit des Unschärfeprinzips. Und da es sich bei der Quantenmechanik um eine derart erfolgreiche Theorie handelt, bestärkt uns dies in unserem Vertrauen auf die Korrektheit der Unschärferelation. Fände man allerdings je eine Möglichkeit, das Unschärfeprinzip »außer Gefecht zu setzen«, würde die Quantenmechanik zu widersprüchlichen Ergebnissen führen, und man müßte sie als stichhaltige Theorie der Natur aufgeben.

»Schön und gut«, wenden Sie jetzt vielleicht ein, »aber was ist mit These A? Stimmt es jetzt oder stimmt es *nicht,* daß das Elektron entweder durch Öffnung 1 oder durch Öffnung 2 kommt?« Darauf gibt es nur die eine Antwort, die wir experimentell gefunden haben, daß wir uns nämlich eine ganz besondere Denkweise angewöhnen müssen, um uns nicht in Widersprüche zu verwickeln. Um falsche Voraussagen zu vermeiden, müssen wir folgendes sagen: Betrachtet man die Öffnungen oder, genauer gesagt: hat man eine Vorrichtung, mit deren Hilfe man bestimmen kann, ob die Elektronen durch Öffnung 1 oder 2 kommen, dann *kann* man sagen, sie passieren entweder Öffnung 1 oder 2. Legt man es aber *nicht* darauf an zu sagen, welchen Weg das Elektron nimmt, dann darf man, wenn nichts an dem experimentellen Aufbau die Elektronen irgendwie stört, *nicht* sagen, daß ein Elektron entweder durch Öffnung 1 oder 2 geht. Denn behauptet man dies und versucht, irgend etwas aus dieser Feststellung abzuleiten, unterlaufen einem bei der Auswertung Fehler: das logische Drahtseil, auf dem wir einen Balanceakt vollführen müssen, wenn wir die Natur zutreffend beschreiben wollen.

Wenn man die Bewegung jeglicher Materie – wie auch der Elektronen – in Begriffen von Wellen beschreiben muß, was ist dann mit den Kugeln in unserem ersten Experiment? Warum haben wir dort kein Interferenzmuster gesehen? Es stellt sich heraus, die Wellenlängen sind bei den Kugeln so winzig, daß die Überlagerungsmuster ungemein fein werden. So fein sogar, daß man mit

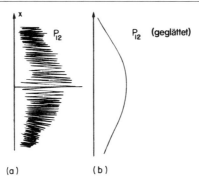

Abb. 6.5: Interferenzmuster mit Kugeln
(a) tatsächlich (schematisch)
(b) beobachtet

keinem Detektor endlicher Größe die einzelnen Maxima und Minima unterscheiden kann. Was wir gesehen haben, war lediglich eine Art Mittelwert, den die klassische Kurve darstellt. Auf Abbildung 6.5 haben wir versucht, in Umrissen zu zeigen, was mit großen Gegenständen geschieht. Abschnitt (a) der Abbildung zeigt die Wahrscheinlichkeitsverteilung, die man unter Zuhilfenahme der Quantenmechanik für Kugeln vorhersagen könnte. Die ungeheuer schnellen Wellenbewegungen sollen das Interferenzmuster darstellen, das man bei Wellen sehr geringer Länge erhält. Jeder physikalische Detektor erfaßt allerdings jeweils mehrere Schwankungen der Wahrscheinlichkeitskurve; daher ergeben die Messungen die glatte Kurve in Abschnitt (b) der Abbildung.

Grundprinzipien der Quantenmechanik

Kommen wir zu einer Zusammenfassung der wichtigsten Schlußfolgerungen aus unseren Experimenten. Allerdings werden wir die Ergebnisse in einer Form darstellen, die für derlei Experimente generell gilt. Unsere Zusammenfassung läßt sich vereinfachen, wenn wir zuerst ein »ideales Experiment« definieren, und zwar als Experiment, bei dem keine unwägbaren äußeren Einflüsse ins Spiel kommen – etwa Schwankungen oder anderes, das wir nicht berücksichtigen können. Einigermaßen präzise würde dies so lauten: »Bei einem idealen Experiment sind die Anfangs- und Endbedingungen eindeutig festgelegt.« Was wir als »Ereignis« bezeichnen, sind im allgemeinen lediglich spezielle Anfangs- und Endbedingungen. (Beispielsweise: »Ein Elektron kommt aus der Elektronenkanone und gelangt zu dem Detektor; ansonsten passiert nichts.«) Doch nun zu unserer Zusammenfassung:

ZUSAMMENFASSUNG

(1) Die Wahrscheinlichkeit eines Ereignisses im Rahmen eines idealen Experiments ist durch das Quadrat des absoluten Werts einer komplexen Zahl ϕ, die man als Wahrscheinlichkeitsamplitude bezeichnet, gegeben.

$$P = \text{Wahrscheinlichkeit}$$
$$\phi = \text{Wahrscheinlichkeitsamplitude}$$
$$P = |\phi|^2 \tag{6.6}$$

(2) Gibt es mehrere unterschiedliche Möglichkeiten, wie ein Ereignis eintreten kann, ist die Wahrscheinlichkeitsamplitude für dieses Ereignis die Summe der Wahrscheinlichkeitsamplituden für jede einzelne dieser Möglichkeiten. Es kommt zu einer Interferenz.

$$\phi = \phi_1 + \phi_2,$$
$$P = |\phi_1 + \phi_2|^2 \tag{6.7}$$

(3) Führt man ein Experiment durch, mit dessen Hilfe man bestimmen kann, ob die eine oder andere Alternative gewählt

wird, ist die Wahrscheinlichkeit des Ereignisses die Summe der Wahrscheinlichkeit jeder einzelnen Alternative. Es tritt keine Interferenz mehr auf.

$$P = P_1 + P_2 \qquad (6.8)$$

Nun könnte man nach wie vor fragen: »Wie funktioniert das? Was für ein Mechanismus steckt hinter dem Gesetz?« Kein Mensch hat je irgendeinen Mechanismus entdeckt, der diesem Gesetz zugrunde liegt. Niemand kann es näher »erklären«, als wir dies eben getan haben. Und niemand kann Ihnen eine gründlichere Darstellung des Ganzen liefern. Wir haben keinerlei Vorstellung von einem grundlegenderen Mechanismus, aus dem man diese Ergebnisse ableiten könnte.

Wir möchten einen ungemein wichtigen Unterschied zwischen der klassischen und der Quantenmechanik hervorheben. Es war die Rede von der Wahrscheinlichkeit, daß ein Elektron unter bestimmten Voraussetzungen ankommt. Dabei haben wir stillschweigend vorausgesetzt, es sei bei unserer experimentellen Anordnung (oder sogar in der bestmöglichen) unmöglich, genau vorherzusagen, was geschieht. Wir können lediglich die Wahrscheinlichkeit vorhersagen! Trifft dies zu, dann bedeutet es, die Physik hat den Versuch aufgegeben, exakt vorhersagen zu wollen, was unter bestimmten Umständen passiert. Ja! Die Physik *hat* in der Tat aufgegeben. *Wir sehen keine Möglichkeit vorherzusagen, was in einer gegebenen Situation geschieht;* mittlerweile sind wir der Überzeugung, es ist unmöglich – das einzige, was sich vorhersagen läßt, ist die Wahrscheinlichkeit verschiedener Ereignisse. Zugegeben, dies stellt eine Beschneidung unseres früheren Ideals von einem Verständnis der Natur dar. Vielleicht ist dies ein Schritt zurück, doch man sah keine Möglichkeit, dies zu vermeiden.

Im folgenden einige Bemerkungen zu einer These, die gelegentlich vorgebracht wurde, um die Beschreibung, die wir eben geliefert haben, zu umgehen: »Vielleicht verfügt das Elektron über eine Art inneren Mechanismus – irgendwelche internen Variablen –, von dem wir noch nichts wissen. Vielleicht können wir deswegen nicht vorhersagen, was geschehen wird. Wenn wir das Elektron nur genau genug untersuchen, könnten wir möglicherweise sagen, worauf das Ganze hinausläuft.« Soweit wir wissen, ist das unmöglich. Die Schwierigkeiten wären damit nicht vom Tisch. Angenommen, wir gingen davon aus, im Elektron befände sich eine Art Maschinerie, die festlegt, was geschehen wird. Dieser Mechanismus müßte *auch* bestimmen, durch welche Öffnung das Elektron auf seinem Weg kommt. Doch wir dürfen nicht vergessen, was innerhalb des Elektrons vorgeht, sollte nicht davon abhängen, was *wir* tun, in diesem Fall nicht davon, ob wir eines der Löcher schließen oder offenlassen. Wenn sich also ein Elektron, ehe es losfliegt, bereits entschieden hat, (a) welche Öffnung es passieren und (b) wo es landen wird, erhielten wir P_1 für die Elektronen, die sich für Öffnung 1, und P_2 für diejenigen, die sich für Öffnung 2 entschieden haben *und notwendigerweise* für alle, die die beiden Öffnungen passieren, die Summe $P_1 + P_2$. Daran führt offenbar kein Weg vorbei. Wir haben jedoch experimentell nachgewiesen, daß dies nicht der Fall ist. Und niemandem ist es gelungen, einen Ausweg aus diesem Dilemma zu finden. Zur Zeit müssen wir uns also darauf beschränken, Wahrscheinlichkeiten zu berechnen. Wir sagen:»zur Zeit«, doch wir neigen sehr zu der Vermutung, daß das immer so bleiben wird – daß es unmöglich ist, dieses Rätsel zu lösen –: daß die Natur wirklich so *ist*.

Die Unschärferelation

Heisenberg formulierte die Unschärferelation ursprünglich folgendermaßen: Wenn man an irgendeinem beliebigen Objekt Messungen vornimmt und die x-Komponente seines Impulses mit einer Unbestimmtheit von Δp bestimmen kann, dann ist es nicht möglich, gleichzeitig seine x-Position genauer als $\Delta p = h/\Delta p$ fest-

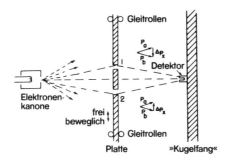

Abb. 6.6: Ein Experiment, bei dem das Zurückfahren
der Platte gemessen wird

zulegen. Das Produkt aus den Unbestimmtheiten hinsichtlich
Ort und Impuls muß jederzeit größer sein als die Plancksche
Konstante. Es handelt sich hier um einen speziellen Fall der Unschärferelation, die wir weiter oben dargestellt haben. Die allge-
meinere Aussage lautete, man könne keinerlei Vorrichtung ent-
werfen, um auf irgendeine Weise zu bestimmen, welche von zwei
Alternativen gewählt wird, ohne gleichzeitig das Interferenzmuster zu zerstören.

Wir wollen an einem speziellen Fall zeigen, daß die von Heisenberg dargelegte Beziehung wahr sein muß, damit wir nicht in
Schwierigkeiten geraten. Stellen wir uns eine leichte Abänderung
des Experiments auf Abbildung 6.3 vor, bei der die Wand mit den
Öffnungen aus einer auf Gleitrollen befestigten Platte besteht
und sich daher frei (in der *x*-Richtung) auf und ab bewegen kann
(siehe Abbildung 6.6). Wenn wir nun die Bewegung der Platte
sorgfältig beobachten, können wir versuchen zu sagen, durch welche Öffnung ein Elektron geht. Stellen Sie sich vor, was geschieht,
wenn man den Detektor bei *x* = 0 hinstellt. Eigentlich würden
wir erwarten, ein Elektron, das Öffnung 1 passiert, müsse durch
die Platte nach unten abgelenkt werden, um zu dem Detektor zu
gelangen. Da die vertikale Komponente des Elektronenimpulses
sich geändert hat, muß die Platte mit dem gleichen Impuls in der

entgegengesetzten Richtung zurückfahren. Sie erhält also einen Stoß nach oben. Passiert das Elektron die untere Öffnung, müßte der Platte ein Stoß nach unten versetzt werden. Es ist klar, für jede Position des Detektors wird der Impuls, den die Platte erhält, bei einer Durchquerung von Öffnung 1 einen anderen Wert haben als bei einer Durchquerung von Öffnung 2. Also! Nur durch Beobachtung der Platte und ohne die Elektronen auch nur *im geringsten* zu stören, können wir sagen, welchen Weg das Elektron genommen hat.

Um dies zu bewerkstelligen, muß man jedoch wissen, wie groß der Impuls des Schirms ist, ehe das Elektron ihn durchquert. Messen wir also den Impuls, nachdem das Elektron die Platte passiert hat, können wir ausrechnen, um wieviel ihr Impuls sich geändert hat. Doch denken Sie daran, gemäß der Unschärferelation können wir nicht gleichzeitig die Position der Platte mit beliebiger Genauigkeit bestimmen. Wissen wir aber nicht genau, wo die Platte steht, können wir auch nicht exakt sagen, wo die Öffnungen sich befinden. Sie sind bei jedem Elektron, das hindurchgeht, an einer anderen Stelle. Das bedeutet, der Mittelpunkt unseres Interferenzmusters befindet sich bei jedem Elektron an einem anderen Ort. Die Schwankungen des Interferenzmusters werden daher verschmiert. Im folgenden Kapitel werden wir auf quantitative Weise zeigen, daß die Unbestimmtheit hinsichtlich der x-Position der Platte – wenn wir den Impuls der Platte hinreichend genau bestimmen, um aufgrund des Zurückfahrens der Platte sagen zu können, welche Öffnung das Elektron passiert hat – gemäß der Unschärferelation groß genug ist, um das beim Detektor beobachtete Muster in der x-Richtung auf und ab zu verschieben, und zwar in etwa um die Entfernung zwischen einem Maximum und dem nächsten Minimum. Eine solche zufällige Verschiebung reicht gerade aus, um das Muster zu verschmieren, so daß man keine Interferenz beobachten kann.

Die Unschärferelation »schützt« die Quantenmechanik. Heisenberg erkannte klar, wenn es möglich wäre, den Impuls und den Ort gleichzeitig mit größerer Genauigkeit zu messen, bräche die Quantenmechanik in sich zusammen. Folglich behauptete er, dies sei unmöglich. Daraufhin setzten etliche Leute sich hin und versuchten, Möglichkeiten auszuknobeln, um genau dies zu tun, doch keinem gelang es, eine Methode zu entdecken, um Ort und Impuls von irgend etwas – eines Schirms, eines Elektrons, einer Billardkugel, von etwas ganz Beliebigem – mit größerer Genauigkeit zu bestimmen. Die Quantenmechanik behält ihre gefährdete, doch korrekte Gültigkeit.

REGISTER

PIPER

John und Mary Gribbin
Richard Feynman

Die Biographie eines Genies. Aus dem Amerikanischen
von Thorsten Schmidt. 416 Seiten mit 30 Abbildungen.
Serie Piper 3461

Er war genialer Physiker, knackte Safes, fand die Ursache für
die Challenger-Katastrophe und spielte für sein Leben gern
Bongo-Trommeln. Das exemplarische Leben des Nobelpreis-
trägers – temperamentvoll erzählt von John und Mary Gribbin.
Richard Feynman war der beliebteste Naturwissenschaftler
unserer Zeit und schon zu Lebzeiten eine Legende. John
und Mary Gribbin haben in ihrer Biographie zum erstenmal
Feynmans schillernde Persönlichkeit mit seinen genialen
wissenschaftlichen Entdeckungen verbunden. Feynman war
unter allen Naturwissenschaftlern unserer Zeit derjenige, der
das beste »Gespür« für die Wissenschaft hatte, der die Physik
nicht auf eine Folge von Gleichungen reduzierte, vielmehr die
Intuition besaß, um den Kern der Sache zu »schauen«. Er
ging auch an die Physik ganz menschlich heran; Humor,
Respektlosigkeit und den Hang zum Abenteuer legte er auch
als Physiker nie ab. Deshalb konnte er Physik auch so gut
erklären.

PIPER

Richard P. Feynman
Es ist so einfach

Vom Vergnügen, Dinge zu entdecken. Herausgegeben von
Jeffrey Robbins. Mit einem Vorwort von Freeman Dyson.
Aus dem Amerikanischen von Inge Leipold. 279 Seiten. Geb.

Richard Feynman (1918-1988) hat die Welt verändert – durch
seine genialen Ideen in der Physik, durch seine besondere Art
Dinge zu durchdenken, und seine unnachahmliche Fähigkeit,
anderen Menschen komplizierte Zusammenhänge zu erklären.
Auch dieses Buch läßt seine Leser gleich verstehen, warum der
1988 verstorbene Nobelpreisträger bis heute eine Kultfigur
geblieben ist. »Es ist so einfach«: das ist Originalton Feynman
in zehn kurzen Kapiteln. Sie zählen zum Besten dessen, was er
hinterlassen hat.
Er betrieb Physik aus purer Neugier und Freude daran, herauszufinden wie die Welt funktioniert. Die Logik der Naturwissenschaften, ihre Methoden, die Ablehnung von Dogmen, die
Fähigkeit zu zweifeln, das war es, was Feynman umtrieb.
Feynman zu lesen ist ein Genuß, egal, ob er über Physik, die
Zukunft des Computerzeitalters, über Religion oder Philosophie schreibt.

Richard P. Feynman

Was soll das alles?

Gedanken eines Physikers. Aus dem Amerikanischen von
Inge Leipold. 153 Seiten. Serie Piper 3316

Von einem großen Wissenschaftler – und Feynman war einer
der bedeutendsten Physiker dieses Jahrhunderts – kann man
immer profitieren. Selbst wenn Feynman in den hier postum
publizierten Texten kaum über Physik spricht, sich vielmehr
Themen zuwendet, die jeden nachdenklichen Menschen
angehen, lohnt es, mit ihm zusammen zu reflektieren, seine
Denkanstöße aufzunehmen. Ihn beschäftigt die Neugier des
Menschen, alle Rätsel des Universums aufzuklären. Er wirbt
um Verständnis dafür, daß wir nicht alles wissen werden, was
wir wissen wollen. Die Rolle der Kreativität in den Wissenschaften bedenkt er ebenso wie den Wert, den Wissenschaft
erst aus ihrer Anwendung gewinnt. Und er diskutiert den
Konflikt und die Vereinbarkeit von Religion und Wissenschaft,
Krieg und Frieden, das Mißtrauen gegenüber Politikern.
Über all dies und mehr denkt Feynman nach – mit viel ge-
sundem Menschenverstand und der Weisheit eines genialen
Wissenschaftlers.

PIPER

Richard P. Feynman
Vom Wesen physikalischer Gesetze

Vorwort zur deutschen Ausgabe von Rudolf Mößbauer.
216 Seiten mit 33 Abbildungen. Serie Piper 1748

Auch in diesem Buch erweist sich der geniale Physiker Richard
P. Feynman als großer Lehrer, der naturwissenschaftliche
Zusammenhänge verständlich und unterhaltsam darzustellen
vermag. Hier erfährt man, was physikalische Gesetze sind und
welche allgemeinen Wesensmerkmale diesen zugrundeliegen.
»Unsere Epoche ist das Zeitalter der Entdeckung der funda-
mentalen Naturgesetze – eine aufregende, eine wunderbare
Zeit, die aber nicht wiederkehren wird.« In diesem Buch können die Leser teilhaben an Feynmans Entdeckerfreude. In
seinem Vorwort schreibt Rudolf Mößbauer über Feynman:
»Seine Vorträge boten ein sprühendes Feuerwerk von Gedanken und Ideen, das seine Zuhörer intellektuell anregen und zu
Begeisterungsstürmen hinreißen konnte.«

PIPER

Richard P. Feynman
QED

Die seltsame Theorie des Lichts und der Materie. Aus dem
Amerikanischen von Siglinde Summerer und Gerda Kurz.
175 Seiten mit 93 Abbildungen. Serie Piper 1562

Der amerikanische Physiker Richard P. Feynman galt als einer
der größten theoretischen Physiker dieses Jahrhunderts. Für
seine Beiträge zur Theorie der Quantenelektrodynamik erhielt
er 1965 (mit zwei Kollegen) den Nobelpreis für Physik. Mit
dieser Quantenelektrodynamik – kurz: QED – befaßt sich dieses Buch, in dem er erklärt: »Mein Hauptanliegen ist, die seltsame Theorie des Lichts und der Materie, oder richtiger die
Wechselwirkung zwischen Licht und Elektronen, so genau wie
möglich zu beschreiben.«
Der Leser wird Feynmans lebendige und unterhaltsame Art der
Darstellung genießen, wenn ihm der berühmte Physiker und
begabte Lehrer eine der maßgeblichen physikalischen Theorien dieses Jahrhunderts erklärt.

»Feynmans Talent, komplexe Vorgänge einfach und packend
darzustellen, zeigt sich auch in diesem Buch auf anschauliche
und äußerst vergnügliche Weise.«
Österreichischer Rundfunk

PIPER

Richard P. Feynman
»Sie belieben wohl zu scherzen, Mr. Feynman!«

Abenteuer eines neugierigen Physikers. Gesammelt von Ralph Leighton. Herausgegeben von Edward Hutchings. Vorwort zur deutschen Ausgabe von Harald Fritzsch. Aus dem Amerikanischen von Hans-Joachim Metzger. 463 Seiten. Serie Piper 1347

Der amerikanische Physiker und Nobelpreisträger galt und gilt unter seinen Kollegen als einer der größten Theoretiker dieses Jahrhunderts und als ein Mann, der für jede Überraschung gut war. Sein Buch wurde in den USA zum Bestseller, es löste Kontroversen aus und wurde manchem zum Ärgernis.

»Wer Dick Feynmans Memoiren nicht gelesen hat, weil sie bisher nur in der amerikanischen Originalausgabe verfügbar waren, hat seit dem Erscheinen der deutschen Übersetzung keine Ausrede mehr. Das Buch, das in den USA monatelang auf der Bestsellerliste stand und zu einem richtigen Klassiker geworden ist, braucht auch keine Empfehlung. Es muß nur davor gewarnt werden, es ins Büro mitzunehmen: Sonst braucht man eine Ausrede, warum man an jenem Tag völlig arbeitsunfähig war und hinter geschlossener Türe pausenlos lachte und lachte.«
Neue Zürcher Zeitung

PIPER

David L. Goodstein/Judith R. Goodstein
Feynmans verschollene Vorlesung

Die Bewegung der Planeten um die Sonne. Aus dem
Amerikanischen von Anita Ehlers. 233 Seiten. Serie Piper 2994

Der Superstar der Physik und ein wundervolles Thema: Warum
bewegen sich die Planeten in Ellipsen um die Sonne und nicht
in Kreisen? Dies erklärt Richard Feynman auf genial einfache
Weise.

Was Kepler gefunden und Newton vor 300 Jahren bewiesen und
womit er eine wissenschaftliche Revolution ausgelöst hatte,
das beweist Feynman nochmals mit den einfachen Mitteln
der Geometrie – und damit für jeden verständlich. Die Planeten
bewegen sich nicht in Kreisen, sondern in Ellipsen. Die Vorlesung galt lange Jahre als verschollen. Die Archivarin Judith
Goodstein fand die Tonbandaufnahme im CalTech-Archiv.
Ihr Mann, ein Feynman-Schüler, und sie haben die Vorlesung
rekonstruiert und kommentiert. Neben diesem Text enthält
das Buch ein Kapitel zur Geschichte des heliozentrischen Welt-
bildes und vor allem eine einfühlsame Kurz-Biographie
Richard Feynmans.